AF567785

Dr. Gabriele Lehari

50 kleine Hunderassen

Dr. Gabriele Lehari

50 *KLEINE* Hunderassen

Oertel+Spörer

Bildnachweis:
Titelbild: Dr. Gabriele Lehari
Innenteilbilder:
Arco Images: C. Steimer S. 20, 94; J. De Meester S. 38; ImageBROKER S. 76 l.; G. Lacz S. 112; P. Wegner S. 114, 122
Adobe Stock: DoraZett S. 32; Vincent S. 48, 54, 58, 60, 88, 106; DragoNika S. 61; Dogs S. 70, 120, 124; f8grapher S. 78; zuzule S. 89; deviddo S. 90, 118; Sergey Lavrentev S. 100 l.; Dreymedv S. 100 r.; Train arrival 110; Eudyptula S. 128
Anna Auerbach S. 26
Ina Denda S. 14
Beate und Holger Kreis, Creekvalley Silkies S. 16
Alle anderen Bilder von der Autorin.

Haftungsausschluss
Die Hinweise in diesem Buch wurden von der Autorin sorgfältig recherchiert und geprüft. Es können jedoch keinerlei Garantien übernommen werden. Eine Haftung der Autorin bzw. des Verlags und seiner Beauftragten für Personen-, Sach- und Vermögensschäden ist ausgeschlossen.

Bibliografische Information der Deutschen Nationalbibliothek
Die Deutsche Nationalbibliothek verzeichnet diese Publikation in der Deutschen Nationalbibliografie; detaillierte bibliografische Daten sind im Internet über http://dnb.d-nb.de abrufbar.

Postfach 16 42 · 72706 Reutlingen

DTP und Repro: raff digital gmbh, Riederich
Druck und Bindung: Oertel+Spörer Druck und Medien-GmbH+Co., Riederich
Printed in Germany · ISBN 978-3-96555-021-6

Inhalt

Einführung

Kleine Hunde sind ganz groß im Kommen! Das ist sicherlich schon jedem aufgefallen, der regelmäßig – ob mit oder ohne Hund – spazieren geht und anderen Hundehaltern begegnet. Wurden im 20. Jahrhundert die kleinen Hunderassen noch eher als „Schoßhunde" für alte Damen oder reiche Leute abgetan, so hat sich das in der heutigen Zeit grundlegend geändert. Man hat erkannt, dass auch kleine Hunde dieselben Bedürfnisse und Talente haben wir ihre größeren Vettern und dass man mit ihnen genauso viel Spaß und Freude haben kann. Daher findet man heutzutage immer mehr kleinere Vierbeiner am anderen der Leine.

Ein Grund dafür ist sicherlich die Tatsache, dass mit der wachsenden Bevölkerung vor allem in den Städten der Wohnraum und der Platz für den alltäglichen Gassigang immer mehr eingeschränkt werden. Wer aber trotzdem nicht auf einen Vierbeiner an seiner Seite verzichten möchte, trägt sich immer mehr mit dem Gedanken, sich doch für eine der kleineren Hunderassen oder deren Mischlinge zu entscheiden. Und auch wenn die Hundesteuer und die Tierarztkosten in der Regel nicht nach der Größe des Hundes berechnet werden, so hat man tatsächlich doch weniger Ausgaben für einen kleinen Hund, da er einfach weniger Futter benötigt und auch der Preis für Zubehör wie Hundebett, Halsband oder Leine meistens mit der erforderlichen Größe steigt.

Ebenso lässt es sich nicht von der Hand weisen, dass sich ein kleiner Hund auch eher mit kürzeren Gassigängen zufrieden gibt als Artgenossen, die vielfach so groß sind wie er. Dabei sollte man aber nicht vergessen, dass Kleinhunde durchaus auch gern längere Wanderungen oder abwechslungsreiche Spaziergänge mit kleinen Spielen oder Aufgaben, die zu lösen sind, lieben und für jeden Spaß mit ihren Menschen zu begeistern sind. Nur einmal um den Block zu laufen ist auch für kleine Hunde öde und langweilig.

Ein weiteres Argument dafür, sich einen kleineren Hund zuzulegen, ist die Tatsache, dass man kleine Hunde problemloser mitnehmen kann, ob in die Stadt, ins Restaurant oder in den Urlaub. Und wer sogar öfter eine Flugreise unternimmt und dabei auch nicht auf seinen Vierbeiner verzichten möchte, kann einen kleinen Hund mit in die normale Kabine nehmen und muss ihm nicht den Flug im

Frachtraum zumuten, was ganz klar aus tierschutzrechtlichen Gründen ein Vorteil für kleine Hunde ist (wobei man sich immer überlegen sollte, ob es für den Hund nicht besser ist, ihn in seiner gewohnten Umgebung bei netten Menschen unterzubringen, wenn man selbst eine Flugreise plant).

Wer nun in Erwägung zieht, sich eine kleine Hunderasse zuzulegen, sollte aber auch genau überlegen, welche Rasse für ihn und seine Wünsche und Bedürfnisse infrage kommt. Denn kleiner Hund ist nicht gleich kleiner Hund. Es gibt viele Rassen, die noch einen ausgeprägten Jagdinstinkt haben, auch wenn sie nicht ein Reh oder ein Wildschwein jagen würden, sondern eher kleinere Tiere wie Kaninchen, Eichhörnchen, Ratten oder Mäuse als ihre Beute ansehen, oder aufgrund ihrer geringen Größe mal schnell in einem Fuchsbau verschwinden. Denn besonders die zahlreichen kleinen Terrier-Rassen wurden früher durchaus wegen ihrer jagdlichen Fähigkeiten geschätzt, um Haus und Hof von Schadnagern frei zu halten oder bei der Jagd Fuchs oder Dachs dem Jäger vor die Flinte zu bringen. Diese Eigenschaft wird nämlich häufig unterschätzt, wenn man die durchaus niedlichen kleinen Terrier kennenlernt.

Auch in der Gruppe der Hütehunde gibt es ein paar Rassen, die zwar eine geringere Körpergröße haben, aber dennoch die typischen Eigenschaften und die Agilität der Hütehunde behalten, sodass diese Rassen entsprechend beschäftigt werden sollten und auch häufig – ebenso wie einige der kleinen Terrier-Rassen – im Hundesport anzutreffen sind.

Und dann gibt es die Rassen, die schon immer zu den sogenannten Gesellschaftshunden zählten und einfach nur als Begleiter und Schmusehunde fungierten, ohne eine bestimmte Aufgabe erfüllen zu müssen. Übrigens können gerade viele der kleinen Rassen auf eine sehr alte Geschichte zurückblicken. Nicht selten wurden schon vor einigen Jahrhunderten oder sogar vor weit über tausend Jahren zahlreiche der heute zu den Gesellschaftshunden zählenden Rassen gehalten, wie alte Gemälde und Aufzeichnungen belegen.

Vor der Anschaffung sollte man sich also ganz klar sein, was auf einen zukommt, wenn so ein Vierbeiner einzieht. Denn der Spruch „Klein, aber oho!" trifft nämlich durchaus auf die pfiffigen, aktiven und attraktiven kleinen Hunde zu. Auch bedeutet die Kleinheit eines Hundes nicht unbedingt, dass er besser als Spielgefährte für Kinder geeignet ist als große Rassen – und dass so ein Vierbeiner kein „Spielzeug" ist, dürfte für alle Tierfreunde selbstverständlich sein.

Ob ein Hund „kinderlieb" ist, hängt übrigens nicht nur vom Wesen, sondern auch von der Prägung und Erziehung ab. Deshalb werden Sie in diesem Buch das Attribut kinderlieb nicht finden. Und auch wenn häufig bei Rassebeschreibungen steht besonders „intelligent", gehört dies nicht zu einer Charakterisierung bestimmter Hunde. Denn einerseits würde es ja bedeuten, dass Rassen, bei denen es nicht extra erwähnt wird, dümmer sein müssten, was natürlich nicht der Fall ist. Und andererseits ist es wohl klar, dass jeder Hund – egal welcher Abstammung und Bestimmung – eine nicht unerhebliche Intelligenz haben muss, sonst hätte er sich nicht so gut an das Leben mit seinen Menschen angepasst und seine Aufgaben erfüllt, für die er eingesetzt wurde. Clever sind alle Hunde, allerdings haben sie oft unterschiedliche Strategien, die sie im Alltag anwenden, und besitzen natürlich je nach Gruppenzugehörigkeit verschiedene Talente. Unterschätzen Sie nicht die „Kleinen", denn sie haben oft ihren eigenen Kopf und ein gesundes Selbstbewusstsein und manchmal hat man den Eindruck, dass sie glauben, viel größer zu sein, als sie in Wirklichkeit sein – vor allem, wenn sie sich gegenüber größeren Artgenossen behaupten wollen.

Zuletzt sei an dieser Stelle noch darauf hingewiesen, dass man sich auf keinen Fall für zu kleine Vertreter, egal welcher Rasse, entscheiden sollte. Denn es gibt immer wieder Trends, die ohnehin kleinen Hunde noch kleiner zu züchten, weil sie doch so „niedlich" sind und häufig tatsächlich als sogenannte Handtaschenhunde oder Tea-Cup-Hunde angeboten werden. Aber bei zu kleinen Exemplaren ist die Gefahr von degenerativen Erkrankungen und Gesundheitsproblemen fast schon vorprogrammiert. Denn mit der Verzwergung können einige Organe oder Körperteile bei der Entwicklung einfach nicht mithalten und werden geschädigt.

Hierzu gehören zum Beispiel ein Hydrocephalus (Wasserkopf) oder eine nicht schließende Fontanelle. Haben Hunde im Verhältnis zu ihrer Körpergröße einen extrem großen Kopf, gibt es auch häufig Probleme bei der Geburt. Nicht selten können dann die Hündinnen gar nicht normal gebären, sondern die Welpen (oft nur ein oder zwei pro Wurf) müssen mit einem Kaiserschnitt geholt werden.

Auch das Hervortreten der Augen geht oft mit diesen Degenerationen einher und sorgt für gesundheitliche Probleme. Bei brachycephalen Hunden, also mit extrem kurzer Schnauze, treten oft Atemprobleme auf, was bei den Tieren fast zum Kollabieren führt, wenn es sehr warm ist oder sie sich anstrengen müssen. Aufgrund extremer Verzwergung kann es auch schwere Schäden an der Leber oder am Herz-Kreislauf-System geben.

Bei kleinen Hunderassen kommen zwar nur selten Gelenkerkrankungen wie Hüftgelenk- oder Ellenbogengelenkdysplasie (HD und ED) vor, aber dafür tritt häufiger eine Patellaluxation auf, bei der die Kniescheibe vorübergehend oder dauerhaft sozusagen aus der Führung springt. Bei Zwergrassen sind dann oft beide Hinterbeine betroffen. Bei vielen kleinen Rassen ist daher eine Untersuchung auf Patellaluxation Voraussetzung für die Zucht, damit diese Erkrankung nicht weitervererbt wird. Auch verschiedene Augenerkrankungen werden vererbt und können mittlerweile durch Gentests festgestellt werden, sodass betroffene Tiere aus der Zucht genommen werden.

Viele dieser möglichen Gesundheitsprobleme wie Patellaluxation oder Augenerkrankungen kommen nicht nur bei bestimmten Rassen vor, sondern können bei vielen kleinen Hunden auftreten. Daher wird bei den späteren Rassebeschreibungen nicht noch einmal darauf hingewiesen, sondern nur, wenn es sich um ganz spezielle rassetypische Degenerationen handelt. Im Text wird auch die im Standard festgelegte Größe der Hunde angegeben, die in seriösen Zuchten eingehalten werden sollte. Daran können Sie sofort feststellen, ob Hunde auf extreme Verzwergung hin gezüchtet worden sind.

Um auf Nummer sicher zu gehen, sollten Sie sich also bei der Suche nach Ihrem neuen Vierbeiner nur für einen seriösen Züchter entscheiden, bei dem die Gesundheit seiner Hunde oberste Priorität hat und der Ihnen auch gern Auskunft über die Abstammung seiner Vierbeiner gibt, Sie ausführlich berät und entsprechende Untersuchungsergebnisse und Abstammungspapiere vorlegt. In der Regel sollte er Ihnen auch die Mutter, eventuelle Geschwister und vielleicht auch andere Verwandte des Welpen zeigen, damit Sie sich selbst ein Bild von den Hunden und deren Verhalten und Gesundheitszustand machen können. Ein guter Züchter wird Ihnen dies auf keinen Fall verwehren.

Kaufen Sie Welpen nicht über das Internet oder von dubiosen Quellen, bei denen Sie vielleicht noch nicht einmal das Muttertier zu sehen bekommen, der Welpe noch viel zu jung ist (mindestens acht Wochen sollte er sein) und/ oder keinen offiziellen Heimtierausweis besitzt, in dem die Chip-Nummer und alle bisherigen Impfungen eingetragen sind. Auch entwurmt sollte der Kleine sein.

In diesem Buch finden Sie Beschreibungen von 50 kleinen Hunderassen in alphabetischer Reihenfolge aus allen Sparten, um Ihnen die Entscheidung bei der Auswahl des für Sie passenden Vierbeiners etwas zu erleichtern.
Die Obergrenze der Größe der Rassen liegt hier bei ungefähr 35 cm Widerristhöhe. Die kleinste in diesem Buch beschriebene Rasse ist der Chihuahua und die größte der Sheltie. Alle anderen liegen in ihrer Größe dazwischen.

Zu den beschriebenen Rassen gehören viele populäre und beliebte Rassen wie Westie, Jack Russell Terrier, Chihuahua, Mops oder Cavalier King Charles Spaniel. Sie finden aber auch einige sehr seltene Rassen, denen sie vielleicht noch nie begegnet sind, wie Affenpinscher, Löwchen oder Schipperke, die aber durchaus ihren Charme haben und vielleicht genau Ihren Vorstellungen entsprechen.
Und sollten Sie sich für einen Mischling aus diesen Rassen entscheiden, können Sie mithilfe der Beschreibungen immerhin schon gewisse Rückschlüsse auf Wesen und Eigenschaften des Hundes schließen, der bei Ihnen einziehen soll.

Ich wünsche Ihnen viel Spaß beim Lesen und hoffe, dass ich mit diesem Buch dazu beitragen konnte, dass Sie genau den für Sie richtigen Vierbeiner gefunden haben.

Affenpinscher

Seinen Namen hat der Affenpinscher ganz offensichtlich seinem Aussehen zu verdanken: Die wilde Behaarung am Kopf, die vorgeschobene, schwarze Unterlippe und der pfiffige Gesichtsausdruck erinnern tatsächlich an ein Affengesicht. Schon im 15. Jahrhundert sind Affenpinscher auf Holzschnitten von Albrecht Dürer dargestellt worden. Bis heute haben sie ihr ursprüngliches Aussehen erhalten. Da die Zucht dieser Rasse recht schwierig ist und im Durchschnitt nur zwei Welpen pro Wurf geboren werden, ist der Affenpinscher nie zum Modehund geworden und bis heute muss man als Welpenkäufer eine beträchtliche Wartezeit in Kauf nehmen. Die Rasse wurde schon 1955 von der FCI anerkannt.

Affenpinscher waren früher geschätzte Arbeitshunde. Sie wurden verwendet, um Haus und Hof von Ratten und Mäusen frei zu halten. Den furchtlosen und wendigen Hunden entging keine noch so flinke Bewegung. Blitzschnell packten sie zu und nur selten entkam ihnen ihre Beute. Bis heute haben sich diese kleinen Hunde eine gewisse Schärfe bewahrt und verteidigen alles, was sie als ihr Eigentum betrachten. Liebhaber dieser Rasse schwärmen von dem neugierigen, munteren und selbstbewussten Wesen dieser Hunde. Sie sind trotz ihrer Kleinheit unerschrocken und hartnäckig, ihren Menschen gegenüber aber äußerst anhänglich. Sie können allerlei Unsinn anstellen, was ihnen im Allgemeinen aber schnell verziehen wird. Sie sind immer für neue Streiche zu haben, unternehmen aber auch gern mit ihren Menschen ausgedehnte Wanderungen. Sein trippelnder, anmutiger Gang unterstreicht zusätzlich das koboldhafte Aussehen des Affenpinschers, was ihn so liebenswert macht. Echte Fans dieser Rasse bezeichnen ihn auch als einen „Komödiant" des Lebens. Andere sehen ihn als königlichen Herrscher ohne Krone. Er ist der Narr am Königshof der Hunderassen, der das Zepter führt und die Narrenkappe trägt – und sich daher sehr viel erlauben darf. Trotz all dieser liebenswerten Eigenschaften waren und sind Affenpinscher bei uns immer noch sehr selten. In den USA erfreut sich diese alte deutsche Rasse dagegen viel größerer Beliebtheit.

Das kurze, harte Fell des Affenpinschers sollte regelmäßig getrimmt werden, was man am besten einem erfahrenen Hundefriseur überlassen sollte.
Früher wurden Ohren und Rute kupiert. Heute tragen die Hunde ihren langen Schwanz aufrecht. Zuchtziel ist die Säbel- oder Sichelrute. Bei den Ohren kippt normalerweise das obere Drittel nach vorn. Der Standard verlangt einen Vorbiss, wobei die Zähne bei geschlossenem Fang nicht sichtbar sein dürfen.

Steckbrief

FCI-Nr. 186

Gruppe 2: Pinscher und Schnauzer, Molossoide, Schweizer Sennenhunde

Sektion 1: Pinscher und Schnauzer

Ursprung: Deutschland

Größe: Rüden und Hündinnen 25 bis 30 cm

Gewicht: Rüden und Hündinnen 4 bis 6 kg

Farben: Reines Schwarz mit schwarzer Unterwolle

Laut Welpenstatistik des VDH werden pro Jahr durchschnittlich zwischen 20 und 30 Welpen der Rasse gemeldet.

Australian Silky Terrier

Die Entstehungsgeschichte dieses kleinen Terriers geht bis ins 19. Jahrhundert zurück. Eine Terrier-Hündin mit einem blau glänzenden Stichelhaar, die in Tasmanien gezüchtet worden war, wurde irgendwann in den 1820er-Jahren nach England gebracht und mit einem Dandie Dinmont Terrier (siehe S. 48) verpaart. Ein Züchter aus London kaufte einige Welpen aus diesem Wurf und experimentierte mit dieser Grundlage an einer Zucht, um das von ihm gewünschte weiche, seidige Haar zu erhalten. Er wanderte mit seinen Hunden nach Australien aus und setzte dort die Zucht mit Australian Terrier (siehe S. 18) und Yorkshire Terrier (siehe S. 124) fort. Diese Hunde verbreiteten sich recht schnell in den Kolonien und schon bald wurde der Australian Silky Terrier anerkannt. Der „Silky" wurde damals nicht nur als Rattenjäger, sondern auch als Wächter geschätzt. Der erste Standard wurde um 1900 festgelegt. 1962 wurde die Rasse von der FCI anerkannt.

Der Australian Silky Terrier ist ein kleiner, kompakter Hund mit dem typischen wachsamen und lebhaften Wesen eines Terriers. Das gescheitelte Haar ist glatt und seidig. Trotz dieser feinen Erscheinung sollte die Rasse genügend Mut haben, um Ratten und Mäuse fangen und töten zu können.

Bei uns wird dieser Terrier nur noch als Familien- und Begleithund gehalten. Wegen seiner geringen Körpergröße braucht er nicht so viel Auslauf und fühlt sich auch in einer Stadtwohnung wohl. Trotzdem ist er lebhaft und benötigt eine konsequente Erziehung, damit er sich nicht zum kleinen Tyrannen entwickelt. Der Australian Silky Terrier ist der richtige Begleiter für alle, die einen kleinen, schneidigen Hund möchten und mit dem lebhaften Terrier-Wesen zurechtkommen. Er gilt als mutiger Toy-Terrier und idealer Begleithund.

Das seidige Fell muss regelmäßig, am besten täglich gekämmt werden, damit es gepflegt aussieht, seidig bleibt und nicht verfilzt. Diese Rasse besitzt relativ wenig Unterwolle, sodass sie gegen Kälte und Nässe nicht so gut geschützt ist. Das glatte, lange Haar wird gescheitelt getragen und fällt seitlich glatt am Körper nach unten. Das Besondere ist der lange Haarschopf, der aber auf keinen Fall über die Augen fallen darf. Fell, welches über das Vorgesicht oder die Wangen fällt, wird laut Standard als Fehler angesehen. Früher wurde die Rute dieser Hunde bei uns kupiert, was bis heute in Ländern ohne Kupierverbot immer noch erfolgt. Allerdings gibt es dafür keinen Grund, außerdem sehen die Hunde mit ihrer natürlichen, langen Rute viel schöner aus.

Steckbrief

FCI-Nr. 236

Gruppe 3: Terrier

Sektion 4: Zwerg-Terrier

Ursprung: Australien

Größe: Rüden 23 bis 26 cm, Hündinnen etwas kleiner

Gewicht: Rüden und Hündinnen 4 bis 5 kg

Farben: Blau und Loh, je intensiver und klarer abgegrenzt, desto besser; Silber und Weiß sind nicht zulässig. Ein silberblauer oder rehbrauner Schopf ist erwünscht.

Laut Welpenstatistik des VDH werden pro Jahr durchschnittlich zwischen 30 und 40 Welpen der Rasse gemeldet.

Australian Terrier

Der Australian Terrier ist die erste Terrier-Rasse, die außerhalb von Großbritannien herausgezüchtet wurde. Welche verschiedenen Terrier-Rassen alle zu seiner Entstehung beigetragen haben, war bis vor Kurzem nicht genau geklärt. Heute weiß man ziemlich sicher, dass der Australian Silky Terrier (siehe S. 16) und der Australian Terrier gemeinsame Vorfahren haben. Es handelt sich dabei um stichelhaarige Terrier, die aus einer Mischung von britischen Rassen hervorgegangen sind, nämlich dem Skye Terrier (siehe S. 112), dem Scotch Terrier (siehe S. 104) und dem Dandie Dinmont Terrier (siehe S. 48). Zeitweise wurden auch Yorkshire Terrier (siehe S. 124) mit eingekreuzt. 1899 wurden zum ersten Mal Australian Terrier ausgestellt. Sie waren die typischen Einwanderer-Hunde, um Haus und Hof zu bewachen und Schädlinge zu jagen. Sie fingen Ratten, Mäuse, Kaninchen, kleine Raubtiere und machten auch vor Schlangen nicht halt. Ihren Mut und ihr Temperament haben sie sich bis heute bewahrt. Sie hüteten in Gruppen auch Schafherden, wobei sie geschickt über deren Rücken liefen. Sogar zur Rinderarbeit wurden sie eingesetzt. Sie gelten als eine der kleinsten arbeitenden Terrier-Rassen, die den Menschen in schwierigen Zeiten wertvolle Hilfe geleistet haben und so gezüchtet wurden, dass sie auch in unwegsamem Gelände zurechtkamen. Durch die FCI wurde die Rasse 1963 anerkannt.

Der Australian Terrier ist temperamentvoll, lebhaft und zäh. Er kann für seine geringe Größe sehr schnell laufen und beachtlich hoch springen. Trotz seiner Kleinheit nimmt er es gern mit Artgenossen, Katzen oder anderen Tieren auf. Daher muss er einen gewissen Grundgehorsam lernen, wobei von seinem Besitzer auch Konsequenz gefordert wird. Wegen seiner angeborenen Wachsamkeit werden Fremde mit heftigem Gebell angekündigt. Ansonsten ist er im Haus ruhig und angenehm. Gut erzogen gibt er einen munteren, zuverlässigen Begleiter ab, der mit normalen Spaziergängen zufrieden ist und sich auch in einer Stadtwohnung wohlfühlt. Der Hütetrieb ist stärker als der Jagdtrieb ausgeprägt, daher bleiben die Hunde immer in der Nähe ihrer Menschen.
Das harsche, glatte Deckhaar wird ungefähr 6 cm lang; die Unterwolle ist weich und kurz. Die Hunde sollten drei- bis viermal im Jahr getrimmt werden, das heißt, das harte Deckhaar wird gezupft. Darüber hinaus ist wöchentliches Bürsten erforderlich. Das Haar darf nicht zu weich sein, daher sollte Baden möglichst vermieden werden. Die Rute muss bei diesen Hunden hoch angesetzt sein. Sie wurde bei diesen Hunden früher traditionell immer kupiert, was aber heute bei uns nicht mehr gestattet ist.

Steckbrief

FCI-Nr. 8

Gruppe 3: Terrier

Sektion 2: Niederläufige Terrier

Ursprung: Australien

Größe: Rüden ungefähr 25 cm, Hündinnen etwas kleiner

Gewicht: Rüden etwa 6,5 kg, Hündinnen etwas weniger

Farben: Blau, Stahlblau oder dunkles Graublau mit lohfarbenen Abzeichen; Rot oder hell Sandfarben. Weiße Abzeichen an Brust und Pfoten sind nicht erlaubt.

Laut Welpenstatistik des VDH werden pro Jahr durchschnittlich zwischen 30 und 50 Welpen der Rasse gemeldet.

Bichon à poil frisé

Wie der Pudel soll der Bichon frisé auch vom Barbet, dem Französischen Wasserhund, abstammen. Daher wurde er zunächst „Barbichon" (= kleiner Pudel) genannt. Die Bezeichnung Bichon leitet sich vom französischen „bichonner" (= verhätscheln oder frisieren) ab. Somit ist schon die ursprüngliche Verwendung der Bichons erklärt. Das Wort „frisé" bedeutet „gelockt".

Um 1500 brachten spanische Segler einige der Hunde auf die Kanarischen Inseln, daher der frühere Namen Bichon Ténériffe. 1515 hielt diese Rasse dann Einzug in die Königs- und Adelshäuser Frankreichs. Die Damen der Renaissance überschütteten die Hunde mit Aufmerksamkeit: Sie wurden parfümiert, geschmückt oder man drehte ihnen Löckchen ins Haar, kurzum – sie wurden verhätschelt. Der erste Hund dieser Rasse wurde 1924 in Belgien registriert und 1932 ins belgische Zuchtbuch eingetragen. In Frankreich erfolgte die erste Eintragung einer Hündin 1934. Von der FCI wurde die Rasse 1959 anerkannt. Den heutigen noch gültigen Namen Bichon à poil frisé erhielt die Rasse im Jahr 1978.

Der Bichon frisé ist der ideale Wohnungshund, da er nicht haart und nicht übermäßig viel Auslauf benötigt. Auf Spaziergängen zeigt er dennoch eine erstaunliche Ausdauer. Er ist von robuster Gesundheit und wenig krankheitsanfällig. Er ist freundlich und ausgeglichen – auch gegenüber fremden Menschen und Hunden –, spielt gern und genießt es, gestreichelt zu werden. Er ist zwar aufmerksam und wachsam, aber bellt nicht viel. Er hängt hingebungsvoll an seiner Familie, ist geduldig und zeigt seine Zuneigung auf liebevolle Weise. Er ist der ideale Schmuse- und Familienhund auch für Menschen, die nicht so aktiv sind und einfach einen fröhlichen Begleiter an ihrer Seite haben möchten, jedoch bereit sind, sich der erforderlichen Fellpflege regelmäßig zu widmen.

Typisch für den Bichon ist das bauschige, füllige Haar mit lockeren, spiralförmig gedrehten Locken. Die Unterwolle ist weich und dicht. Das Fell bedarf regelmäßiger Pflege und muss mindestens einmal wöchentlich gründlich gebürstet und gekämmt werden, damit es nicht verfilzt. Eine regelmäßige Schur ist unerlässlich, was aber nicht ganz einfach ist und möglichst einem Fachmann überlassen werden sollte, damit auch das typische Erscheinungsbild mit dem kugelförmigen Kopf erhalten bleibt. An der stark befederten Rute darf das Haar nicht geschnitten werden. Die Haut soll möglichst dunkel pigmentiert sein, darf aber die weiße Haarfarbe nicht beeinflussen.

Steckbrief

FCI-Nr. 215

Gruppe 9: Gesellschafts- und Begleithunde

Sektion 1: Bichons und verwandte Rassen

Weitere Bezeichnungen: Bichon frisé, früher Bichon Ténériffe

Ursprung: Frankreich/Belgien

Größe: Rüden und Hündinnen 25 bis 29 cm

Gewicht: Etwa 5 kg im passenden Verhältnis zur Größe

Farben: Weiß

Laut Welpenstatistik des VDH werden pro Jahr durchschnittlich zwischen 130 und 200 Welpen der Rasse gemeldet.

Bologneser

Dieser Kleinhund hat seinen Ursprung in Italien. Er besitzt dieselben Vorfahren wie der Malteser (siehe S. 82), nämlich die von Aristoteles als „canes melitensis" bezeichneten kleinen, weißen Hunde. Beide Rassen zählen wie der Bichon frisé (siehe S. 20) und der Havaneser (siehe S. 62) zur Gruppe der Bichons. Wie auch der Malteser wurde er ursprünglich auf Schiffen und in Häfen eingesetzt, um dort Ratten und Mäuse zu jagen. Man vermutet, dass er von Seeleuten nach Bologna gebracht wurde und er deshalb dort häufig anzutreffen war, was dann zu der Namensgebung geführt hat.

Zu Zeiten der Römer wurden diese Hunde wegen ihrer Anmut und Schönheit als wertvolle Geschenke für die Mächtigen der Welt geschätzt und auch in den folgenden Jahrhunderten gelangten sie immer wieder als das „königlichste Geschenk, das man einem Kaiser machen könne" in andere Länder wie Belgien oder Spanien. Auch auf vielen Gemälden berühmter Künstler wie Titian, Breughel und Goya sind sie dargestellt. Später wurde der Bologneser in Belgien regelmäßig gezüchtet. In der Renaissance waren diese Hunde besonders bei den Damen der vornehmen Gesellschaft beliebt. Berühmte Besitzer dieser Rasse waren Madame Pompadour, Katharina die Große oder Kaiserin Maria Theresia.

Der Bologneser wurde schon 1956 von der FCI anerkannt. Er war vor der Wende in Westeuropa sehr selten, in der ehemaligen DDR dagegen häufig anzutreffen. Die Zucht basierte auf Importtieren aus der damaligen UdSSR. Nach der Wiedervereinigung wurden die wenigen westeuropäischen Zuchtbestände mit den östlichen vereint, wodurch eine wertvolle Blutauffrischung stattfand. Trotzdem ist der Bologneser bis heute eine Rasse, die recht selten ist und nur eine geringe Zuchtbasis besitzt.
Der Bologneser ist ein fröhlicher, nicht allzu lebhafter Begleithund, der keinen übermäßigen Auslauf benötigt und sich auch in einer Stadtwohnung wohlfühlt. Er bindet sich eng an seine Menschen, ist aber nie aufdringlich. Notfalls kann er sein Heim aber vehement verteidigen.

Das Fell sollte am ganzen Körper gleichmäßig lang sein. Es muss regelmäßig gekämmt und gebürstet werden, damit es nicht verfilzt. Für eine Ausstellung dürfen diese Hunde weder getrimmt noch geschoren werden. Sie werden nur gebadet und glatt geföhnt. Die Rute wird im Bogen über dem Rücken getragen. Hunde, die nicht ausgestellt werden, können aber durchaus eine sportliche Kurzhaarfrisur bekommen.

Steckbrief

FCI-Nr. 196

Gruppe 9: Gesellschafts- und Begleithunde

Sektion 1: Bichons und verwandte Rassen

Ursprung: Italien

Größe: Rüden 27 bis 30 cm; Hündinnen 25 bis 28 cm

Gewicht: Rüden und Hündinnen 2,5 bis 4 kg

Farben: Weiß

Der Bologneser hat maßgeblich zur Entstehung des aus Russland stammenden Bolonka Zwetna (siehe S. 24) beigetragen.

Laut Welpenstatistik des VDH werden pro Jahr durchschnittlich zwischen 40 und 60 Welpen der Rasse gemeldet.

Bolonka Zwetna

Bolonka bedeutet einfach „Schoßhündchen". Er kann als die farbige Variante des Bologneser (siehe S. 22) angesehen werden. Da dieser in Europa ein beliebter Schoßhund geworden war, gelangten auch einige Exemplare als Gastgeschenke in das russische Zarenreich. Hier wie in der späteren Sowjetunion entstand daraus der weiße Bolonka Franzuska. Durch Einkreuzungen von Lhasa Apso (siehe S. 78) und Shih Tzu (siehe S. 110) in den 1950er-Jahren erhielt man die verschiedenen Farbvarianten, die heute als Bolonka Zwetna bezeichnet werden. Der erste Standard wurde 1964 in der Sowjetunion erstellt und 1966 festgelegt. In den 1980er-Jahren wurde die Rasse immer populärer, sodass Zuchtstätten und Rassehundevereine entstanden.

Eine große Ähnlichkeit mit dem Bolonka Franzuska, der bisher aber ausschließlich in seinem Heimatland vorkommt, ist noch vorhanden und man kann noch nicht von zwei getrennten, in sich gefestigten Rassen sprechen. Früher wurde der Bolonka Zwetna hauptsächlich in den neuen Bundesländern gezüchtet, heute gibt es aber im ganzen Land immer mehr begeisterte Liebhaber dieser Rasse.
Der Bolonka Zwetna ist ein quirliger, fröhlicher Hund, der nicht gern allein bleibt, aber dank seiner Kleinheit auch überallhin problemlos mitgenommen werden kann. In den letzten Jahren hat er bei uns immer mehr Liebhaber gefunden. Sie schätzen besonders sein freundliches, liebenswertes und munteres Wesen. Er ist für die Haltung in einer Wohnung bestens geeignet und braucht nicht viel Auslauf, obschon er bei Spaziergängen erstaunlich ausdauernd sein kann. Er hat eine zarte Konstitution.

Das Haarkleid ist lang, weich und wunderbar seidig mit dichter Unterwolle. Das Fell ist am ganzen Körper gleich lang und bildet große Locken oder Wellen. Es sollte täglich gebürstet werden. Viele lassen ihrem Bolonka beim Hundefriseur regelmäßig einen praktischen Haarschnitt verpassen (siehe Foto). Soll der Hund ausgestellt werden, muss das Fell aber die natürliche Länge behalten und darf weder geschnitten noch geschoren werden. Die Fellfarbe kann sich bis zum dritten Lebensjahr noch mehrmals verändern.

Zum Schluss noch ein wichtiger Hinweis: In letzter Zeit werden immer mehr Mini-Bolonkas gezüchtet, da offensichtlich die Nachfrage da ist. Aber eine ohnehin kleine Hunderasse noch kleiner zu züchten ist meistens mit gesundheitlichen Problemen verbunden. Suchen Sie sich nur einen seriösen Züchter aus, seien sie kritisch bei der Auswahl und informieren Sie sich genau, um was für eine Verpaarung es sich bei den Hunden, die für Sie infrage kommen, handelt.

Laut Welpenstatistik des VDH werden pro Jahr durchschnittlich zwischen 100 und 120 Welpen der Rasse gemeldet.

Steckbrief

Nicht FCI-anerkannt, aber in Deutschland beim VDH als **Nationale Rasse** mit der Nr. 999 geführt.

Gruppe 9: Gesellschafts- und Begleithunde

Sektion 1: Bichons und verwandte Rassen

Ursprung: Russland

Größe: Rüden und Hündinnen bis zu 26 cm

Gewicht: 3 bis 4 kg

Farben: Alle Farben erlaubt außer Reinweiß und Gescheckt

Border Terrier

Sein Name weist darauf hin, dass dieser Terrier aus dem Grenzgebiet zwischen England und Schottland (border = Grenze) stammt. Dieser kleine, zähe Hund wurde dort zur Jagd eingesetzt. Er musste klein genug sein, um in die Erdbauten von Dachs und Fuchs einfahren zu können, hochbeinig genug, um mit den Pferden mitzuhalten, und ein Fell besitzen, das ihn vor Kälte, Nässe und Verletzungen schützt. Weiterhin sollte er die notwendige Schärfe besitzen, um auch kleineres Raubwild zu töten. Weil die Hunde vorwiegend in Meuten eingesetzt wurden, mussten sie zudem auch untereinander sehr verträglich sein. Alle diese Eigenschaften hat sich der Border Terrier, der in seinem Heimatland noch zu den beliebtesten Jagdterriern zählt, bis heute bewahrt. Häufig wurde er auch zusammen mit Laufhunden bei der Jagd eingesetzt. Somit musste er eine gute Kondition haben, um in der Lage zu sein, einem Pferd zu folgen.

Bis zum Ende des 19. Jahrhunderts traten diese Hunde noch unter verschiedenen Namen auf. Erst im Jahr 1920 wurde der Border Terrier im britischen Kennel Club als eigene Rasse eingetragen. 1963 erfolgte die Anerkennung durch die FCI. In Deutschland war er bis in die 1970er-Jahre noch recht unbekannt, erfreut sich aber seitdem immer größerer Beliebtheit. Er wird bei uns als reiner Familien- und Begleithund gehalten, aber nicht für die Jagd verwendet.

Mit seinem eher flachen Schädel und dem stumpfen Fang entspricht er nicht so stark dem typischen Äußeren eines Terriers. Im Standard steht sogar, der Kopf soll aussehen wie der eines Otters. Der Border Terrier ist temperamentvoll und braucht viel Bewegung in der freien Natur. Er liebt ausgedehnte Spaziergänge und ist auch für verschiedene Hundesportarten gut geeignet. Besonders wohl fühlt er sich, wenn er mit Artgenossen vergesellschaftet wird. Er ist zäh und widerstandsfähig, besitzt ein ausgeglichenes Wesen und lässt sich gut erziehen, denn er gehört zu den leichtführigeren Terrier-Rassen. Allerdings sollte man seinen Jagdtrieb nicht unterschätzen, vor allem, wenn er Gelegenheit bekommt, in Erdbauten hineinzukriechen.

Das harsche, dichte Fell mit einem eng anliegenden Unterhaar sollte einmal wöchentlich gebürstet werden. Darüber hinaus müssen die Hunde zwei- bis dreimal im Jahr getrimmt werden.

Steckbrief

FCI-Nr. 10

Gruppe 3: Terrier

Sektion 1: Hochläufige Terrier

Ursprung: Großbritannien

Größe: Keine Angaben im Standard, aber etwa 30 bis 35 cm

Gewicht: Rüden 5,9 bis 7,1 kg; Hündinnen 5,1 bis 6,4 kg

Farben: Weizenfarben; Rot; Rot-Grau meliert mit Loh (Grizzle mit Tan); Blau mit Loh

Laut Welpenstatistik des VDH werden pro Jahr durchschnittlich zwischen 350 und 450 Welpen der Rasse gemeldet.

Cairn Terrier

Die Heimat dieses kleinen Terriers liegt in Schottland, wo er mindestens seit Mitte des 19. Jahrhunderts bekannt ist. Vermutlich wurden aber seine Vorfahren schon vor über 300 Jahren als Schädlingsvertilger gehalten. Der Cairn Terrier wurde eine Zeit lang fälschlicherweise als „Kurzhaariger Skye Terrier" bezeichnet. Seine Hauptaufgabe bestand darin, Ratten und Mäuse zu jagen. Sein Name stammt von den als „cairns" bezeichneten Steinwällen, in denen sich das von ihm zu jagende Getier gern versteckt hielt. Es heißt auch, dass früher jedes Oberhaupt in den Highlands eine Meute Laufhunde und Terrier besaß, wobei Letztere für die Jagd auf Fuchs, Dachs und kleinere Pelztiere eingesetzt wurden. Die kleinen, genügsamen Hunde wurden in Meuten gehalten und waren Artgenossen gegenüber sehr verträglich. 1909 wurde die Rasse erstmalig auf einer Ausstellung gezeigt. In den 1930er-Jahren wurde sie recht populär, weil die königliche Familie auch die Vorliebe für diese Rasse entdeckte. 1963 erfolgte die Anerkennung durch die FCI. Heute ist die Rasse weltweit verbreitet, aber in ihrer Heimat immer noch am häufigsten anzutreffen.

Der lebhafte Cairn Terrier ist nach wie vor zur Nagerbekämpfung und für den jagdlichen Einsatz geeignet. Allerdings wird er bei uns hauptsächlich als Familien- und Begleithund gehalten. Im Haus verhält er sich in der Regel ruhig und bellt wenig. Der Cairn Terrier ist temperamentvoll und bewegungsfreudig. Erhält er ausreichend Auslauf, fühlt er sich auch in einer Stadtwohnung wohl.
Er hat ein furchtloses, selbstsicheres Wesen, ist aber nicht aggressiv. Er ist flink und arbeitsfreudig und ideal für Menschen geeignet, die einen fröhlichen, aktiven, aber dennoch kleinen Hund als Begleiter haben oder auch einen Hundesport mit ihm betreiben möchten.
Von den echten Liebhabern des Cairn Terriers werden die einzelnen Buchstaben seines Namens häufig bestimmten Eigenschaften und Merkmalen zugeordnet: C für charakterfest und charakterstark, A für aktiv, ausdauernd und anschmiegsam, I für intelligent und individuell, R für robust und raubeinig, N für natürlich und nicht nachtragend.

Der Cairn Terrier besitzt ein wetterfestes, Nässe abweisendes Haarkleid. Es besteht aus der dichten, weichen Unterwolle und dem üppigen, harschen Deckhaar. Dunkle Abzeichen an den Ohren oder am Fang sind typisch für die Rasse. Der Cairn Terrier sollte regelmäßig getrimmt werden, aber nur so, dass er sein freches Aussehen behält und nicht zu sehr „zurechtgemacht" aussieht. Die Rute wurde früher kupiert. Die naturbelassene lange Rute ist kräftig behaart.

Steckbrief

FCI-Nr. 4

Gruppe 3: Terrier

Sektion 2: Niederläufige Terrier

Ursprung: Großbritannien

Größe: Rüden und Hündinnen 28 bis 31 cm

Gewicht: Rüden und Hündinnen 6 bis 7,5 kg

Farben: Cremefarben; Weizenfarben; Rot; Grau oder fast Schwarz; bei all diesen Farben ist eine Stromung zulässig. Reines Schwarz, Weiß oder Schwarz und Loh sind nicht erlaubt.

Laut Welpenstatistik des VDH werden pro Jahr durchschnittlich zwischen 400 und 500 Welpen der Rasse gemeldet.

Cavalier King Charles Spaniel

Der „Cavalier" ist ein direkter Nachfahre des King Charles Spaniel (siehe S. 74), der auf eine lange Geschichte zurückblicken kann. 1926 setzte der Amerikaner Rosewell Eldridge ein Preisgeld für einen King Charles Spaniel mit längerem Fang aus. Die Gewinner dieses Preises auch in den nachfolgenden Jahren bildeten die Zuchtbasis für den Cavalier. 1928 wurde der erste Standard aufgestellt und 1945 wurde die Rasse dann vom Kennel Club endgültig anerkannt. 1955 erfolgte die Anerkennung durch die FCI. Heute ist der Cavalier wesentlich häufiger als sein Vorfahre, der King Charles Spaniel.

Der Cavalier ist in den letzten Jahren auch bei uns sehr beliebt geworden. Sein sanfter

Gesichtsausdruck, das seidige Fell und seine Anhänglichkeit mögen Gründe dafür sein. Er ist ein fröhlicher, anpassungsfähiger, jedoch auch furchtloser Hund, der sich gern auf langen Spaziergängen austobt, aber sich durchaus auch in einer Stadtwohnung wohlfühlt. Er ist gelassen und verträglich mit anderen Artgenossen, lässt sich problemlos erziehen und ist daher ebenso für hundeunerfahrene Menschen zu empfehlen. Er ist ein freundlicher Familienhund und stets munterer Begleiter. Auch für die für kleinere Rassen geeigneten Hundesportarten ist er durchaus zu begeistern.

Das lange, seidige Haarkleid darf keine Locken haben, eine leichte Wellung ist gestattet. Die Befederung ist sehr üppig. Das Fell sollte regelmäßig gekämmt werden, um Verfilzungen vorzubeugen und lose Unterwolle zu entfernen. Darüber hinaus bedarf es aber keiner besonderen Pflege. Laut Standard ist sogar vorgeschrieben, dass das Fell auf keinen Fall getrimmt, geschoren oder geschnitten werden darf.

Leider leiden viele Hunde dieser Rasse aufgrund der früher gewünschten extremen Kurznasigkeit (Brachycephalie) unter verschiedenen vererbbaren Nerven-, Augen- und Herzkrankheiten. Daher sollte man sorgfältig den richtigen Züchter auswählen und sich genau über die Abstammung der angebotenen Welpen und mögliche Erkrankungen der Vorfahren informieren.

Von den vier anerkannten Farben kommen die beiden Weißträger, also Blenheim (siehe Foto S. 8) und Tricolor (siehe Foto gegenüber), weit häufiger vor als die Farben Black and Tan und Ruby.

Steckbrief

FCI-Nr. 136

Gruppe 9: Gesellschafts- und Begleithunde

Sektion 7: Englische Gesellschaftsspaniel

Ursprung: Großbritannien

Größe: Nicht im Standard festgelegt, aber etwa 31 bis 33 cm

Gewicht: Rüden und Hündinnen 5,5 bis 8 kg

Farben: Black and Tan (Schwarz und Loh); Ruby (Rubinrot); Blenheim (Perlweiß) mit kastanienroten Abzeichen (Die Markierungen sollten am Kopf die Stirnpartie gleichmäßig aufteilen und zwischen den Ohren Platz für die sehr geschätzten „Lozenge-Flecken" lassen, die einmalig bei dieser Rasse sind.); Tricolor (Dreifarbig).

Laut Welpenstatistik des VDH werden pro Jahr durchschnittlich zwischen 1000 und 1200 Welpen der Rasse gemeldet.

Ceský Terrier

Der Ceský Terrier wurde gezielt aus Kreuzungen zwischen Sealyham (siehe S. 106) und Scottish Terrier (siehe S. 104) herausgezüchtet. Das Ergebnis sollte ein leichter, niederläufiger, gut pigmentierter und leicht zu führender Jagdterrier mit kleinen Hängeohren, unkupierter Rute und pflegeleichtem Fell sein. 1949 wurde in Prag mit der Reinzucht begonnen und 1959 wurden die Hunde zum ersten Mal unter dem heute noch gültigen Namen ausgestellt. Nach vielen Rückschlägen und Bemühungen wurde dann 1963 der Ceský Terrier endlich von der FCI anerkannt. Die ursprüngliche Verwendung dieser Hunde war die Jagd auf Fuchs und Dachs. Mittlerweile werden sie aber mehr als Gesellschaftshunde gehalten und gezüchtet.

Der Ceský Terrier hat für einen Terrier ein besonders ruhiges und sanftes Wesen. Er ist leichtführig, nicht aggressiv und anhänglich. Trotzdem hat er sich seinen Mut, seine Ausdauer und seine Hartnäckigkeit bewahrt. Fremden gegenüber verhält er sich reserviert. Das freundliche Wesen in Verbindung mit dem seidig glänzenden, feinen Haar macht ihn zu einem attraktiven Begleithund, der bei uns allerdings noch recht unbekannt und entsprechend selten zu sehen ist. Aufgrund seiner angenehmen Eigenschaften sollten Freunde kleiner Terrier diese Rasse durchaus in Erwägung ziehen. Erhält der Hund genügend Auslauf, ist er in der Stadt gut zu halten und da seine Erziehung keine Probleme bereitet, ist er auch für hundeunerfahrene oder ältere Menschen geeignet.
Der Ceský Terrier ist ein guter Futterverwerter, darf also nicht zu viel gefüttert werden und braucht unbedingt ausreichend Bewegung durch Spaziergänge und Spielen.

Die verhältnismäßig dicke Rute hat eine Ideallänge von 18 bis 20 cm und wird in der Ruhe nach unten getragen. Manchmal kommen weiße Haare an der Rutenspitze vor. Das Haar ist lang und fein, leicht gewellt und seidig glänzend und sollte regelmäßig gebürstet werden. Nach dem Standard wird das Haar durch Scheren in die gewünschte Form gebracht mit Ausnahme der vorderen Kopfpartie, wo es Augenbrauen und einen Bart bildet, sowie unten an den Beinen, unter der Brust und am Bauch. An Schultern und Rücken soll es nach dem Scheren nicht länger als 1 bis 1,5 cm sein, seitlich am Körper, an den Ohren und Backen, an der Halsunterseite an Ellenbogen sowie an Ober- und Unterschenkel und an der Rute sogar noch kürzer.

Steckbrief

FCI-Nr. 246

Gruppe 3: Terrier

Sektion 2: Niederläufige Terrier

Weitere Bezeichnungen:
Tschechischer Terrier, Böhmischer Terrier

Ursprung: Tschechische Republik

Größe: 25 bis 32 cm; Rüden ideal 29 cm; Hündinnen ideal 27 cm

Gewicht: Je nach Größe zwischen 6 und 10 kg

Farben: Graublau (Welpen werden schwarz geboren); Milchkaffeebraun (Welpen werden schokoladenbraun geboren). Gelbe, graue oder weiße Abzeichen an Kopf, Hals, Brust, Bauch sowie an den Gliedmaßen und um den After herum sind zulässig.

Laut Welpenstatistik des VDH werden pro Jahr durchschnittlich zwischen 15 und 25 Welpen der Rasse gemeldet.

Chihuahua

Der Chihuahua ist nicht nur die kleinste Hunderasse der Welt, sondern gehört auch zu den ältesten Rassen. Lange Zeit galt Mexiko als Wiege des Chihuahuas, da dort mindestens bis ins 7. bis 9. Jahrhundert v. Chr. die Spur eines ihm ähnlichen Hundes zurückzuverfolgen ist. Benannt wurde der Chihuahua nach dem größten Staat der mexikanischen Republik.

Angeblich sollen seine Vorfahren in der Wildnis gelebt haben und von den Indianern eingefangen und domestiziert worden sein.

So wurde er zum heiligen Hund des voraztekischen Stammes der Tolteken. Später haben die Azteken weiterhin die Hunde verehrt und geglaubt, sie würden mit ihren großen, leuchtenden Augen ihrem Herrn nach dessen Tod den Weg ins Paradies weisen. Daher wurden sie zusammen mit ihren verstorbenen Besitzern verbrannt.

In den 1960er-Jahren ließen neue Forschungen vermuten, dass die Hunde um 700 v. Chr. von Ägypten nach Malta gelangten, wo auch heute noch Vertreter dieser Rasse zu finden sind. Auf bisher ungeklärte Weise sollen diese Hunde dann auf den amerikanischen Kontinent gekommen sein.

Um 1850 entdeckten Touristen in Mexiko erstmals kleine Hunde, die von den Indianern gehalten wurden. Es wurde Mode, ihnen diese Hunde abzukaufen und als Souvenir mit nach Nordamerika zu bringen. 1904 wurde dort der erste Chihuahua registriert, 1923 wurde der erste Standard aufgestellt. Die Anerkennung durch die FCI erfolgte 1959.

Eine anatomische Besonderheit des Chihuahuas ist die Schädelfontanelle (eine Öffnung im Schädeldach), die man nur bei dieser Rasse findet. Früher war dies ein häufiges und gewünschtes Merkmal, heute findet man die Fontanelle nur noch vereinzelt bei Vertretern dieser Rasse. Exemplare ohne Fontanelle sind vorzüglich, aber eine kleine Fontanelle ist zugelassen. In England, wohin die ersten Exemplare im 16. Jahrhundert gelangten, aber wegen des rauen Klimas meist kurz nach ihrer Ankunft starben, waren Chihuahuas umso wertvoller, je kleiner sie waren, und besonders, wenn „sie ein kleines Loch in der Schädeldecke" aufwiesen.

Alle geschichtlichen Erwähnungen und Abbildungen beziehen sich nur auf kurzhaarige Hunde. Erst im 20. Jahrhundert entstand die langhaarige Variante durch Einkreuzung anderer Rassen aus Amerika. Beim Kurzhaar ist das Fell am ganzen Körper kurz und wirkt nur etwas länger, wenn es eine Unterwolle besitzt. Bei der langhaarigen Variante ist das Fell fein und seidig und kann glatt oder leicht gewellt sein. Erwünscht ist eine nicht zu dichte Unterwolle.

Steckbrief

FCI-Nr. 218

Gruppe 9: Gesellschafts- und Begleithunde

Sektion 6: Chihuahueño

Ursprung: Mexiko

Größe: Bei dieser Rasse wird nur das Gewicht in Betracht gezogen, nicht die Größe.

Gewicht: Idealgewicht zwischen 1,5 und 3 kg. Hunde zwischen 0,5 und 1,5 kg werden toleriert; Exemplare mit weniger als 0,5 kg und mehr als 3 kg werden ausgeschlossen.

Farben: Alle Farben sind erlaubt mit Ausnahme von Merle.

Eine Befederung durch längere Haare finden sich an den Ohren, am Nacken, an der Hinterseite der Beine, an den Pfoten und an der Rute.

Der Chihuahua ist ein kleiner, kesser Hund, der normalerweise auch nicht furchtsam ist. Das sollte man bei Begegnungen mit anderen größeren Hunden berücksichtigen. Charakterunterschiede findet man bei den verschiedenen Haarvarianten. Der Kurzhaar-Chihuahua ist der ursprüngliche Typ, der auch eine etwas festere Hand benötigt, damit er nicht versucht, seinen Besitzer zu beherrschen. Der langhaarige Typ ist eher sanfter und nachgiebiger und daher auch leichter zu erziehen.

Der Chihuahua kann wegen seiner Kleinheit überallhin mitgenommen werden. Trotz seiner geringen Körpergröße kann er durchaus auch größere Strecken zurücklegen, benötigt aber selbstverständlich nicht so viel Auslauf wie größere Hunderassen. Er ist der ideale Begleit- und Familienhund für Menschen mit begrenzten Wohnverhältnissen oder auch für ältere bzw. körperlich eingeschränkte Personen. Er ist nicht besonders bellfreudig und besitzt einen freundlichen Charakter.

Laut Standard soll der Kopf apfelförmig sein. Bei der Auswahl eines Hundes sollte man aber darauf achten, dass die Merkmale des großen Kopfes mit den vorgewölbten Augen nicht zu extrem ausgeprägt sind, da es bei diesen Tieren zu Augenproblemen kommen kann.

Trotz seiner Kleinheit ist der Chihuahua ein robuster Hund, der nicht selten ein Alter von 17 Jahren und mehr erreicht. Allerdings gilt dies nicht für extrem kleine Exemplare. Hunde mit einem Endgewicht von 1 kg und weniger sind wesentlich anfälliger. Für einen gesunden und langlebigen Hund liegt das Idealgewicht bei 1,5 bis 2,5 kg.
Man unterscheidet den kräftigeren, etwas gedrungeneren „cobby-type" von dem etwas zierlicheren und hochläufigen „deer-type". Die Rute sollte immer mäßig lang sein und hoch im Bogen oder Halbkreis mit der Spitze in Richtung Rücken getragen werden.

In den letzten Jahren werden immer häufiger auch merlefarbige Chihuahuas (siehe kleines Foto) angeboten. Allerdings ist diese Farbe nach wie vor laut Standard nicht erlaubt, unter anderem deswegen, weil auch häufig Taubheit und/oder Blindheit auftreten können, wenn ein Tier beide Gene für den Merle-Faktor in sich trägt. Daher muss bei der Erzüchtung dieser Farbe viel Wert darauf gelegt werden, dass die Tiere nicht reinerbig dieses Gen tragen.

Laut Welpenstatistik des VDH werden pro Jahr durchschnittlich zwischen 700 und 900 Welpen der Rasse gemeldet.

Chinesischer Schopfhund

Die genaue Herkunft dieser Rasse ist nicht sicher bekannt. Vermutlich entstanden in Afrika vor Jahrtausenden durch Mutationen haarlose Hunde, die dann irgendwie nach China gelangten. Erwiesen ist, dass schon um 200 v. Chr. die Chinesen der Mandarinkaste aus haarlosen Hunden den „Treasure House Guardian" (kostbarer Hüter des Hauses) züchteten. Eine etwas größere und kräftigere Variante wurde als Jagdhund verwendet. Viel später gelangten dann die Chinesischen Schopfhunde mit Teeschiffen nach Amerika. Von etwa 1885 bis in die 1920er-Jahre waren sie dort häufig auf Ausstellungen zu sehen. Dann verschwanden sie aber für viele Jahre fast von der Bildfläche. Erst in den 1970er-Jahren traten diese Hunde wieder etwas häufiger auf und 1972 wurden sie von der FCI anerkannt. In den USA ist diese Rasse vermutlich heute noch häufiger anzutreffen als bei uns.

Diese Hunderasse gibt es in einer voll behaarten und in einer haarlosen Variante, wobei Letztere trotzdem Fellbüschel an Kopf, Rute und Füßen aufweist. Idealerweise sollte der Schopf am Stopp beginnen und bis zum Hals reichen. Ein langer wallender Schopf wird bevorzugt.
Die „Socken" sollen die Zehen bedecken und eine Fahne an der Rute ist erwünscht. Der Powder Puff (siehe Foto nächste Seite) als behaarte Variante ist mit einem Schleier von langem, weichem Haar bedeckt.
Man unterscheidet den zierlicheren „deer-type" vom etwas kräftigeren „cobby-type".

Eine Besonderheit dieser Rasse sind die sehr langen, schmalen „Hasenpfoten" mit einer einzigartigen Verlängerung der sich zwischen den Zehengelenken befindlichen kleinen Zehenknochen. Dadurch entsteht fast der Eindruck, als wäre ein zusätzliches Gelenk vorhanden. Die Pfoten werden dadurch besonders beweglich.

Steckbrief

FCI-Nr. 288

Gruppe 9: Gesellschafts- und Begleithunde

Sektion 4: Haarlose Hunde

Varianten: Hairless (nackt) und Powder Puff (flaumig)

Ursprung: China

Patronat: Großbritannien

Größe: Rüden 28 bis 33 cm; Hündinnen 23 bis 30 cm

Gewicht: Sehr unterschiedlich, sollte jedoch 5,5 kg nicht überschreiten

Farben: Alle Farben und deren Kombinationen

Die Felllosigkeit beruht auf einem Gendefekt, der mit einer unvollständigen Bezahnung einhergeht, wogegen der behaarte Powder Puff ein vollständiges Gebiss hat. Beide Varianten können in einem Wurf vorkommen, da die Tiere immer mischerbig in Bezug auf die Haarlosigkeit sind. Hunde, die beide Gene für die Haarlosigkeit tragen, sind nicht lebensfähig. Daher wurde in einem von der Bundesregierung in Auftrag gegebenen und 1999 erstellten „Qualzuchtgutachten" empfohlen, ein Zuchtverbot für haarlose Hunde auszusprechen, auch deshalb, weil diese Hunde natürlich auf bestimmte Umwelteinflüsse empfindlich reagieren. Die haarlosen Hunde müssen vor übermäßiger Sonneneinstrahlung geschützt werden. Die nackte Haut sollte regelmäßig eingecremt werden, damit sie nicht austrock-

net. Besonders die pigmentarmen Bereiche sind im Sommer sonnenbrandgefährdet und müssen dementsprechend mit Sonnenmilch eingecremt werden.

Auch vor extremer Kälte sollten die Hunde geschützt werden, da auch in dem Fall besonders die haarlosen Vertreter einfach keinen ausreichenden Kälteschutz besitzen. Bei ihnen macht es im Winter und bei feucht-kaltem Wetter auf alle Fälle Sinn, sie mit einem entsprechenden Mäntelchen vor Unterkühlung zu schützen. Nicht zuletzt sind haarlose Hunde natürlich auch eher gefährdet, Verletzungen davonzutragen, wenn sie zum Beispiel durch dorniges Gestrüpp laufen oder mit Artgenossen herumtoben. Auch dies sollte bei der Haltung berücksichtigt werden.

Vorteil der haarlosen Tiere ist aber natürlich, dass sie nur wenige Haare besitzen und daher auch kaum welche verlieren und somit bedingt für Menschen mit einer Hundehaarallergie geeignet sind. Das flaumige, aber üppige Fell des Powder Puff sollte regelmäßig gebürstet werden. Es besteht aus seidiger Unterwolle und weichen, langen Deckhaaren. Auch die Haarbüschel der ansonsten nackten Tiere sollten für ein ordentliches Aussehen öfter gekämmt werden.

Diese Hunde sind sehr liebenswerte Hausgenossen, die zwar lebhaft und verspielt sind, aber nicht übermäßig viel Auslauf benötigen. Sie fühlen sich auch in beengten Wohnverhältnissen wohl. Dennoch sind sie immer zu einem Spiel bereit, lernen schnell kleine Tricks und lassen sich durchaus auch für den einen oder anderen Hundesport begeistern. Sie genießen es, abwechslungsreich beschäftigt zu werden. Obwohl sie so zart wirken, sind sie relativ robust und ausdauernde Läufer.

Diese Hunde schließen sich sehr eng an ihre Menschen an, sind äußerst liebebedürftig, suchen engen Körperkontakt und kuscheln gern mit ihren Menschen. Fremden gegenüber sind die Hunde ziemlich reserviert und zeigen einen gewissen Stolz. Sie sind wachsam, aber nicht aggressiv.

Laut Welpenstatistik des VDH werden pro Jahr durchschnittlich zwischen 200 und 220 Welpen der Rasse gemeldet.

Der Chinesische Schopfhund darf nicht verwechselt werden mit dem **Xoloitzquintle** (siehe Steckbrief), dem Mexikanischen Nackthund, obwohl beide Rassen eng verwandt sind. Den Xoloitzquintle gibt es in drei Größen, wobei die kleinste Variante auch nur zwischen 25 und 35 cm Widerristhöhe hat. Beim Mexikanischen Nackthund gibt es ebenso eine haarlose und eine kurz behaarte Variante, wobei die haarlosen Tiere häufiger sind. Die Rasse kommt bei uns nur sehr selten vor, wobei höchstens 20 bis 30 Welpen pro Jahr registriert werden. Sie wurde aber schon 1961 von der FCI anerkannt.

Steckbrief

FCI-Nr. 234

Gruppe 5: Spitze und Hunde vom Urtyp

Sektion 6: Urtyp-Hunde

Varianten: Haarlos und behaart

Ursprung: Mexiko

Größe: Miniatur – maximal 25 bis 35 cm

Farben: Schwarz; schwärzlich Grau; Schiefergrau; Dunkelgrau; Rötlich; Leberfarben; Bronzefarben; Goldgelb. Flecken in jeder Farbe, auch in Weiß sind zulässig.

Coton de Tuléar

Seit Jahrhunderten gibt es in Madagaskar kleine, weiße Hunde, die ein Fell weich und duftig wie Baumwolle (= Coton) haben und die hauptsächlich in der Gegend um Tuléar vorkommen. Ob ihre Vorfahren im 16. Jahrhundert mit Piratenschiffen, auf denen sie Ratten gejagt haben, oder mit europäischen Kolonialisten nach Madagaskar gekommen sind, bleibt wohl immer ein Geheimnis. Eine Legende, die sich um ihre Schlauheit rankt, besagt, dass sie in ihrer Heimat am Ufer eines Flusses, den sie überqueren wollten, laut gebellt haben, um Krokodile anzulocken, um dann hundert Meter weiter unbehelligt hinüberzuschwimmen.

Bei uns gehört der Coton de Tuléar noch zu den seltener anzutreffenden Gesellschaftshunden.

1970 wurde er von der FCI anerkannt. Erst 1977 wurde die Rasse aber in Frankreich eingeführt und hat sich von dort über das restliche Europa verbreitet.

Der Coton de Tuléar ist ein idealer Haus- und Familienhund, der sich jedem Lebensstil anpasst. Er ist fröhlich, verspielt und temperamentvoll, aber auch aufmerksam und wachsam. Er besitzt eine gewisse Bellfreudigkeit. Es darf aber nicht aggressiv sein und sollte sowohl Menschen als auch Artgenossen gegenüber freundlich sein. Denn ein ausgeglichenes, umgängliches Wesen war schon immer das Zuchtziel dieser Rasse.

Der Coton de Tuléar lässt sich in der Regel leicht erziehen, hat aber manchmal seinen eigenen Kopf. Er möchte überall dabei sein und bleibt ungern allein. Auf eine ganz typische Art springt er mit allen Vieren gleichzeitig in die Höhe. Wegen seiner Beweglichkeit ist er durchaus auch für Hundesport (in der Mini-Klasse) geeignet. Er liebt die Bewegung im Freien und fühlt sich in einem Haus mit Garten besonders wohl.

Sein langes, üppiges Fell schützt ihn vor der Witterung. Es ist sehr weich und eben baumwollartig, aber nie hart oder rau. Es darf leicht gewellt sein. Da der Coton de Tuléar aber keine Unterwolle besitzt, sollte er bei nassem Wetter sofort abgetrocknet werden, damit er nicht unterkühlt. Damit das etwa 8 cm lange Haar nicht verfilzt, muss es regelmäßig gekämmt und gebürstet werden. Bei Ausstellungshunden darf an dem Haar nichts verändert werden, es muss seine natürliche Länge behalten und darf weder geschoren noch geschnitten werden.

Steckbrief

FCI-Nr. 283

Gruppe 9: Gesellschafts- und Begleithunde

Sektion 1: Bichons und verwandte Rassen

Ursprung: Madagaskar

Patronat: Frankreich

Größe: Rüden 26 bis 28 cm; Hündinnen 23 bis 25 cm; eine Abweichung von 2 cm nach oben und 1 cm nach unten ist erlaubt.

Gewicht: Rüden 4 bis 6 kg; Hündinnen 3,5 bis 5 kg

Farben: Weiß; einige Spuren von hellem Grau oder falber Stichelung sind auf den Ohren erlaubt und werden an anderen Körperpartien toleriert, wenn der Eindruck des weißen Haarkleids nicht gestört wird.

Laut Welpenstatistik des VDH werden pro Jahr durchschnittlich zwischen 150 und 250 Welpen der Rasse gemeldet.

Dackel

Die Vorfahren des Dackels waren niedrig gebaute Bracken. Die Bezeichnung „Dachshund" weist vermutlich nur auf seine geringe Höhe, aber nicht auf seine Eignung für die Dachsjagd hin. Die Urform des Dackels ist die kurzhaarige Variante, die heute allerdings etwas seltener als die beiden anderen Schläge vorkommt. Der Rauhaardackel, der sicherlich bei den jagdlich geführten Dackeln den größten Anteil ausmacht, entstand durch Einkreuzungen mit Terrier- und Schnauzer-Rassen, wobei der Dandie Dinmont Terrier (siehe S. 48) maßgeblich beteiligt gewesen ist.

Der Langhaardackel entstand durch Kreuzungen des Kurzhaardackels mit langhaarigen

Hunden wie Spaniels und Wachtelhund sowie Collie und Irish Setter. Aufgrund ihrer Abstammung lässt sich somit erklären, warum die Rauhaardackel schneidiger sind und daher häufiger jagdlich eingesetzt werden als ihre eher vielseitiger verwendbaren langhaarigen Vettern, die schon seit Jahrzehnten beliebte und problemlose Familien- und Begleithunde sind. Schon im Jahr 1955 erfolgte die Anerkennung der Rasse durch die FCI.

Als Jagdhund ist der Dackel vielfältig einsetzbar. Seine ursprüngliche Verwendung als Erdhund bedeutet, dass er bei der Jagd auf Fuchs und Dachs in deren Erdbauten geschickt wird. Er kann aber ebenso zum Buschieren, Stöbern und für die Nachsuche eingesetzt werden. Der Dackel rangiert bei uns nach dem Deutschen Schäferhund in der Beliebtheitsskala aller Hunderassen seit vielen Jahren nach wie vor auf Platz zwei, wenn man die Welpenstatistik vom VDH anschaut. Viele von ihnen werden auch noch jagdlich geführt, obwohl die meisten als reine Familien- und Begleithunde gehalten werden. Echte Dackelfans bleiben dieser Rasse meistens treu und schätzen deren pfiffiges und etwas eigensinniges Wesen und die Anhänglichkeit. Bei vielen sind Dackel auch beliebt, weil sie in Etagenwohnungen und in der Stadt gehalten werden können, wenn sie ihren regelmäßigen Auslauf erhalten.

Aber Achtung: Auch wenn der Dackel ein reiner Familienhund ist, kann es schnell passieren, dass er beim Spaziergang in einem Fuchsbau, einem Erdloch, einer Röhre oder Ähnlichem verschwindet. Daher sollte man ihn vorsichtshalber in Gegenden, wo Fuchs, Dachs oder Kaninchen ihre Bauten anlegen, an der Leine führen.

Steckbrief

FCI-Nr. 148

Gruppe 4: Dachshunde

Weitere Bezeichnungen: Teckel, Dachshund

Ursprung: Deutschland

Größe und Gewicht:
Standard (Normalschlag) – Brustumfang über 35 cm; Gewichtsobergrenze 9 kg
Zwerg-Dachshund – Brustumfang 31 bis 35 cm; etwa 4 kg
Kaninchen-Dackel – Brustumfang bis 30 cm; etwa 3 kg
Bei allen drei Größen unterscheidet man die Haartypen Kurzhaar, Langhaar und Rauhaar, wodurch man insgesamt neun verschiedene Varietäten erhält.

Farben: Einfarbig Rot, Rotgelb oder Gelb mit oder ohne schwarzem Stichelhaar; zweifarbig mit dunkler Grundfarbe (Tiefschwarz oder Braun) und roten bis gelben Abzeichen (Brand); gefleckt (getigert, gestromt) mit roter oder gelber Grundfarbe und dunkler Stromung. Beim Rauhaar ist die überwiegende Farbe außerdem Hell- bis Dunkelsaufarben und Dürrlaubfarben.

Hartnäckig hält sich häufig das Vorurteil, einen Dackel könne man nicht erziehen. Tatsache ist, dass Dackel durch ihre ursprüngliche Verwendung als Erdhunde selbstständig handeln und entscheiden mussten. Diese Art von Eigensinn muss natürlich bei der Erziehung berücksichtigt werden. Daher sollte damit möglichst früh begonnen werden. Auch wenn man bei kleinen Hunden häufig dazu tendiert, die Erziehung nicht ganz so wichtig zu nehmen, sollte man beim Dackel die erforderliche Geduld und Konsequenz walten lassen. Dann zeigt er sich nämlich durchaus gehorsam und ist ein treuer und zuverlässiger Begleiter. Der Dackel hat ein freundliches Wesen und kommt in der Regel mit Artgenossen gut aus. Er besitzt aber einen angeborenen Schutztrieb und verteidigt im Notfall alles ihm Anvertraute vehement.

Das Fell des Kurzhaardackels bedarf keiner besonderen Pflege. Beim Rauhaardackel sollte, besonders bei Ausstellungshunden, das raue, harsche Fell regelmäßig getrimmt werden. Beim Langhaardackel wird nur gelegentlich das abgestorbene Haar durch Herauszupfen entfernt und zu lange Fahnen an den Beinen können etwas ausgedünnt werden. An den Pfoten sollten das Fell in Form geschnitten werden, damit es ihn nicht beim Laufen behindert oder im Winter zu viele Schneeklumpen daran hängen bleiben.

Laut Welpenstatistik des VDH werden pro Jahr durchschnittlich insgesamt um die 6000 Welpen aller Größen und Haartypen der Rasse gemeldet.

Dandie Dinmont Terrier

Dandie Dinmont Terrier wurden ursprünglich für die Jagd auf Dachs und Fuchs gezüchtet. Sie brauchten deshalb Mut und eine gewisse Schärfe und sollten auch Schmerzen lautlos ertragen. Die meisten „Dandies“ sind Nachfahren einer Meute, die im 18. Jahrhundert dem Dudelsackspieler Allan of Northumberland gehörte.

Ihren Namen erhielt die Rasse auf kuriose Weise. Der Schriftsteller Sir Walter Scott erwarb von einem Farmer im Grenzgebiet von England und Schottland einige dieser Hunde. In einer Novelle, die er 1814 schrieb, ist die Hauptperson ein Grenzland-Farmer mit dem Namen Dandie Dinmont, der diese Terrier hält. So wurden sie unter ihrem heutigen Namen bekannt. Bis dahin

waren sie als „Mustard and Pepper Terrier“ bezeichnet worden. Eine enge Verwandtschaft besteht mit dem Bedlington Terrier. Außerdem wurde der Dandie Dinmont Terrier bei der Entstehung vieler anderer kleiner Terrier-Rassen mit eingekreuzt und war sogar bei der Erzüchtung des Rauhaardackels (siehe S. 44) beteiligt. Grund dafür waren sicherlich seine Arbeitsfreude, sein Mut, seine Entschlossenheit und seine Unabhängigkeit. Durch die FCI wurde er schon im Jahr 1955 anerkannt.
Bei uns ist der Dandie immer noch sehr selten und wird ausschließlich als Familien- und Begleithund gehalten. Er ist ein liebevoller, anhänglicher Gefährte, der jederzeit zu einem Spiel mit seinen Menschen bereit und recht anpassungsfähig ist. Er ist fröhlich und temperamentvoll, fühlt sich aber auch in einer Stadtwohnung wohl, wenn er genügend Auslauf erhält. Manche bezeichnen ihn als den Denker unter den Terriern, der erst mehrmals überlegt, bevor er handelt. Er ist mutig und wachsam, bellt aber nicht grundlos und kann sich, wenn nötig, verteidigen. Manche sagen, der Dandie Dinmont Terrier neigt dazu, ein Ein-Mann-Hund zu sein, dessen Zuneigung man sich erst verdienen muss. Andere können dies aber nicht bestätigen. Der Dandie ist auf alle Fälle ein Familienhund, der hingebungsvoll an seinen Menschen hängt. Er möchte möglichst überallhin mitgenommen werden, was er auch entschlossen versucht durchzusetzen. Er ist sehr feinfühlig, robust und zäh.

Ein wichtiges Merkmal ist das Haarkleid. Das Unterhaar ist weich und fusselig, das Deckhaar ist härter, fühlt sich aber nicht drahtig, sondern eher kraus an. Die Fellpflege ist nicht sehr aufwendig. Das Fell wird gebürstet und gekämmt. Abgestorbenes Haar wird mit den Fingern ausgezupft, sodass die Unterwolle durchkommt. Trimmmesser sollten nicht verwendet werden, da durch sie das Fell ruiniert werden kann.

Steckbrief

FCI-Nr. 168

Gruppe 3: Terrier

Sektion 2: Niederläufige Terrier

Ursprung: Großbritannien

Größe: Keine Angabe im Standard; Rüden und Hündinnen etwa 20 bis 28 cm

Gewicht: Rüden und Hündinnen 8 bis 11 kg, wobei das niedrigere Gewicht vorzuziehen ist

Farben: Pepper (Pfefferfarben = Blauschwarz bis helles Silbergrau); Mustard (Senfkornfarben = rötliches Braun bis blasses Rehbraun)

Laut Welpenstatistik des VDH werden pro Jahr durchschnittlich zwischen 15 und 35 Welpen der Rasse gemeldet.

Deutscher Spitz – Kleinspitz und Zwergspitz

Alle Spitze – vom Wolfsspitz und Großspitz über den Mittelspitz und den Kleinspitz bis zum Zwergspitz – sind einer Rasse zugeordnet: dem Deutschen Spitz. Während die größeren Vertreter – besonders der Groß- und der Mittelspitz, die im letzten Jahrhundert noch beliebte Hofhunde waren – heute immer seltener werden, haben sich die kleinen Varianten ihren festen Liebhaberkreis erhalten. Schon im Jahr 1957 wurde die Rasse von der FCI anerkannt.

Die Vorfahren des Pomeranian gelangten als Kleinspitze vor über 200 Jahren aus Pommern (Name!) nach England, wo sie immer kleiner gezüchtet wurden und schließlich als Pomeranian in die ganze Welt exportiert wurden. Erst 1970 kamen die ersten Zwergspitze nach Deutschland zurück und wurden der Rasse Deutscher Spitz zugeordnet. Heute werden sie in vielen Farben gezüchtet, aber die ursprüngliche Farbe ist ein gleichmäßiges Orange.
Wie der Pomeranian (siehe Foto nächste Seite) wird der Kleinspitz heute auch in vielen Farben, sowohl einfarbig als auch zweifarbig oder gescheckt (siehe Foto links), gezüchtet. Alle Schecken müssen jedoch eine weiße Grundfarbe haben und die Farbflecken müssen über den ganzen Körper verteilt sein.

Spitzartige Hunde sind die ältesten Haushunde Europas. Die Spitze sind Nachkommen der steinzeitlichen Torfhunde. Sie wurden nie als Jagdhunde verwendet, sondern schon vor Jahrtausenden als Wachhunde gehalten. Dementsprechend ist der Jagdtrieb nur sehr verkümmert ausgebildet. Dafür ist ein Spitz der geborene Wächter für Haus und Hof und meldet mit seiner angeborenen Bellfreudigkeit jeden Eindringling und alarmiert seine Menschen. Er fühlt sich seiner Familie und seinem Zuhause eng verbunden, genießt jegliche Streicheleinheit und ist sehr verschmust.

Unabhängig von ihrer Körpergröße besitzen alle Spitze ähnliche Charaktereigenschaften. Sogar die Kleinsten unter ihnen sind Fremden gegenüber misstrauisch und schlagen mit ihrem hohen Stimmchen an. Sie sind äußerst agil und wollen ständig beschäftigt werden. Langeweile ist gar nichts für sie.

Steckbrief

FCI-Nr. 97

Gruppe 5: Spitze und Hunde vom Urtyp

Sektion 4: Europäische Spitze

Ursprung: Deutschland

Kleinspitz:
Größe: 26 cm mit einer Toleranz von 3 cm nach oben und unten

Zwergspitz (= Pomeranian)
Größe: 20 cm mit einer Toleranz von 2 cm nach oben und unten

Farben: Schwarz, Braun, Weiß, Orange, Graugewolkt, andersfarbig; Farbvarianten, die sich aus dem Merle-Faktor ergeben, sind zuchtausschließende Fehler.

Am besten finden sie es, wenn die ganze Familie beisammen und „Action" im Haus ist. Darum mögen sie es auch gar nicht, allein gelassen zu werden. Da sich das aber nicht immer vermeiden lässt, sollte man frühzeitig damit beginnen, sie daran zu gewöhnen.

Sowohl der Kleinspitz als auch der winzige Pomeranian sind ideale Begleithunde. Sie brauchen nicht übermäßig viel Auslauf und fühlen sich durchaus in Etagenwohnungen wohl. Sie sind sowohl für ältere Menschen als auch solche mit wenig Hundeerfahrung sowie für Familien mit Kindern geeignet.

Ein typisches Merkmal für alle Spitze ist das üppige, dichte Haarkleid. Sie besitzen viel Unterwolle, auf der das lange, gerade, abstehende Deckhaar aufliegt. Auffällig sind der mähnenartige Kragen, der sich um den Hals legt, und die buschig behaarte Rute, die immer über dem Rücken getragen wird. Der fuchsähnliche Kopf und die spitzen, kleinen, eng stehenden Ohren verleihen besonders den kleinen Spitzen einen kecken, fast frechen Gesichtsausdruck.

Das üppige Fell mit der prächtigen Mähne macht die Hunde unempfindlich gegenüber Witterungseinflüssen. Eis und Schnee, Regen und Kälte können ihnen nichts anhaben. Dafür bedarf das Fell aber einer regelmäßigen Pflege in Form von Bürsten und Kämmen. Allerdings sollte das Fell nicht geschoren oder geschnitten werden, vor allem wenn die Hunde ausgestellt werden sollen.

Laut Welpenstatistik des VDH werden pro Jahr durchschnittlich insgesamt zwischen 250 und 350 Welpen der Rasse gemeldet, wobei sicherlich die meisten von ihnen zu den kleineren Vertretern gehören.

English Toy Terrier Black and Tan

Der English Toy Terrier ist mit dem Manchester Terrier, der etwas größer ist, aber ihm ansonsten verblüffend ähnlich sieht, eng verwandt. Auch hat er etwas von einem Windhund, da bei seiner Entstehung vermutlich Italienisches Windspiel oder Whippet mit eingekreuzt worden sind. Schon aus dem 16. Jahrhundert sind Gemälde bekannt, auf denen solche Terrier abgebildet sind. Genauere Beschreibungen finden sich dann im frühen 19. Jahrhundert. Damals wurden die Hunde hauptsächlich zum Töten von Ratten verwendet. Hierzu hielten die Briten regelrechte Wettkämpfe ab, wobei sie ihrer Wettleidenschaft frönen konnten. 1826 wurde die Rasse zum ersten Mal auf einer Ausstellung präsentiert.

Bis etwa 1900 waren die Hunde mit dem eleganten und geschmeidigen Körper vor allem in England sehr beliebt und begehrte Gesellschaftshunde der feinen Damen. Erst viel später gelangten sie auch nach Frankreich und Deutschland. 1963 wurde die Rasse von der FCI anerkannt. In Deutschland wurden 1977 die ersten Importhunde dieser Rasse ins Zuchtbuch eingetragen. Die weitere Zucht hatte zum Ziel, immer kleinere und zartere Hunde zu erhalten, was auf Kosten der Gesundheit der Tiere ging. 1984 endete die Zucht aber schon wieder und die Rasse drohte auszusterben. Einigen Liebhabern gelang es jedoch, sie zu erhalten und wieder gesunde und elegante Toy Terrier zu züchten, wie wir sie heute kennen. Dennoch gehören diese Hunde bei uns immer noch zu den seltenen kleinen Hunderassen.

Der English Toy Terrier ist ein pflegeleichter und anhänglicher Gesellschaftshund. Er kann noch Mäuse und Ratten jagen, ist ein ausdauernder Läufer und auch für Hundesportarten – natürlich in der Mini-Klasse – ausgezeichnet geeignet. Er ist aber auch mit normalen Spaziergängen zufrieden und lässt sich problemlos in einer Stadtwohnung halten. Fremden gegenüber ist er anfangs zurückhaltend und Besucher oder andere ungewöhnliche Dinge werden kurz, aber heftig verbellt.

Auch wenn er aufgrund seiner äußeren Erscheinung mit dem langen, schmalen, keilförmigen Kopf und dem schlanken Körper leicht mit einem Zwergpinscher verwechselt werden kann, so bleibt er doch ein Terrier, was bei seiner Erziehung berücksichtigt werden sollte. Das kurze, dicht anliegende, glänzende Fell bedarf keiner weiteren Pflege. Besonderer Wert wird bei der Rasse darauf gelegt, dass die lohfarbenen Abzeichen klar und deutlich voneinander abgegrenzt sind. Weiße Flecken, egal wo, sind absolut nicht erwünscht.

Laut Welpenstatistik des VDH werden pro Jahr durchschnittlich zwischen 15 und 25 Welpen der Rasse gemeldet.

Steckbrief

FCI-Nr. 13

Gruppe 3: Terrier

Sektion 4: Zwerg-Terrier

Weitere Bezeichnung: Englischer Toy Terrier (Schwarz und Loh)

Ursprung: Großbritannien

Größe: Rüden und Hündinnen 25 bis 30 cm

Gewicht: Rüden und Hündinnen 2,7 bis 3,6 kg

Farben: Black and Tan (Schwarz und Loh)

Französische Bulldogge

Zur Entstehung dieser Rasse hat maßgeblich der English Bulldog beigetragen. Diese Hunde fanden in der Mitte des 19. Jahrhunderts viele Anhänger in Paris und Umgebung. Dort wurden dann Terrier und kleine Griffons mit eingekreuzt, wodurch relativ schnell der einheitliche Rassetyp der Französischen Bulldogge entstand. Schon 1880 wurde der erste Rasseverein gegründet. Das erste Zuchtbuch stammt aus dem Jahr 1885. Im Jahr 1898 wurde schließlich der erste Standard festgelegt und die Rasse in Frankreich anerkannt. Die Anerkennung durch die FCI erfolgte im Jahr 1954.

2012 wurde der Standard das letzte Mal verändert, vor allem um möglichen gesundheitlichen Problemen entgegenzuwirken.

Die Französische Bulldogge ist ein aufgeweckter, wachsamer und mutiger Hund, der aber keine zu große Bellfreudigkeit zeigt. Er benötigt nicht übermäßig viel Auslauf, ist aber dennoch ein ausdauernder Begleiter bei Spaziergängen und jederzeit zu einem Spiel bereit. Bei der Erziehung sollte man eine gewisse Portion Sturheit mitberücksichtigen und entsprechend darauf eingehen. Die Rasse ist pflegeleicht und besitzt ein freundliches Wesen, wodurch sie der ideale Familien- und Begleithund ist, der sich auch in einer Etagenwohnung oder in der Stadt wohlfühlt.

Dieser Hund zeigt ein ganz typisches Erscheinungsbild: der muskulöse, gedrungene Körper vom Molossertyp, die großen, nach vorn gerichteten Stehohren („Fledermausohren“) und die meist kurze Rute, die eingerollt dicht am Körper anliegt. Längere und andere Formen der Rute kommen auch vor und sind zugelassen. Der zur Lende ansteigende Rücken, auch Karpfenrücken genannt, ist ebenso typisch für die Rasse. Der Standard schreibt einen Vorbiss vor, das heißt, die unteren Schneidezähne stehen vor den oberen Schneidezähnen, wobei die Zähne vollständig von den Lefzen bedeckt sein sollen. Auffallend sind weiterhin die großen, runden Augen und die leicht nach hinten geneigte Nase. Sie ist etwas nach oben gerichtet („aufgestülpt“).

Das eng anliegende, glänzende, weiche Kurzhaar bedarf keiner besonderen Pflege. Es besitzt keine Unterwolle, daher sind die Hunde im Winter nicht so gut vor den kalten Temperaturen geschützt.

Komplett weiße Hunde sind nicht erwünscht und werden nicht zur Zucht zugelassen, da bei ihnen das Risiko für Taubheit oder Schwerhörigkeit besteht. Ebenso gelten Farben wie Blau, Choco, Black and Tan sowie Merle als Fehlfarben und sind durch Einkreuzungen entstanden. Sie sind nicht von der FCI anerkannt.

Steckbrief

FCI-Nr. 101

Gruppe 9: Gesellschafts- und Begleithunde

Sektion 11: Kleine doggenartige Hunde

Ursprung: Frankreich

Größe: Rüden 27 bis 35 cm; Hündinnen 24 bis 32 cm; eine Abweichung von 1 cm nach oben oder unten wird toleriert.

Gewicht: Rüden 9 bis 14 kg; Hündinnen 8 bis 13 kg

Farben: Hell- bis Dunkelfalbfarben gestromt oder nicht gestromt, mit oder ohne weiße Scheckung, mit oder ohne schwarze Maske

Laut Welpenstatistik des VDH werden pro Jahr durchschnittlich zwischen 200 und 300 Welpen der Rasse gemeldet.

Griffon Bruxellois, Griffon Belge und Petit Brabançon

Der Brüsseler und der Belgische Griffon sind die beiden rauhaarigen Varianten dieser kleinen belgischen Rassen. Sie unterscheiden sich nur in der Farbe, sind aber ansonsten gleich. Der kurzhaarige Schlag ist der Petit Brabançon, auch Kleiner Brabanter genannt. Obwohl sich die Hunde so ähnlich sind, wurden sie als drei verschiedene Rassen anerkannt.

Schon im 18. Jahrhundert wurden in Belgien kleine, rauhaarige Hunde als Ratten- und Mäusefänger verwendet. Als sich später der belgische Königshof für diese Hunde interessierte, stiegen sie auf in die Häuser der Adeligen und Reichen. Mitte des 19. Jahrhunderts veränderte man durch gezielte Einkreuzungen das Äußere dieser Hunde. Vom Mops (siehe S. 84) erbten sie den typischen, großen Kopf, die großen Augen und den kompakten Körperbau. Die kurze Nase und die kräftige rote Farbe stammten vom King Charles Spaniel (siehe S. 74) der Ruby-Varietät. Als die Rasse um 1880 nach England gebracht wurde, kreuzte man auch noch Yorkshire Terrier (siehe S. 124) mit ein. Der kurzhaarige Petit Brabançon entstand vermutlich durch eine weitere Einkreuzung des English Toy Bulldog.

Die Hunde sollten die Ställe von kleinem Raubzeug frei halten und die Kutschen bewachen. Schon 1883 wurden die Brüsseler Griffons in das Zuchtbuch in Belgien eingetragen. Im Jahr 1954 wurden alle drei Rassen von der FCI anerkannt.

Die Zwerggriffons sind anhänglich, zärtlich und vertragen sich gut mit ihresgleichen und anderen Haustieren. Sie sind zwar wachsam, bellen aber nur leise, sodass sie ideale Haushunde sind, auch für beengte Wohnverhältnisse und Etagenwohnungen. Sie brauchen nicht viel Auslauf und sind daher für die Haltung in der Stadt und auch für ältere Menschen geeignet. Sie lassen sich gut überallhin mitnehmen. Leider sind diese Rassen bei uns immer noch sehr selten und weniger bekannt, obwohl sie viele der idealen Eigenschaften eines kleinen, problemlosen Begleithundes haben.

Steckbrief

Gruppe 9: Gesellschafts- und Begleithunde

Sektion 3: Kleine belgische Hunderassen

Ursprung: Belgien

FCI-Nr. 80, Griffon bruxellois/ Brüsseler Griffon (Foto S. 58)
Farben: Rot oder Rötlich

FCI-Nr. 81: Griffon belge/ Belgischer Griffon (Foto S. 60)
Farben: Schwarz; Schwarz mit Loh (Black and Tan)

FCI-Nr. 82: Petit Brabançon / Kleiner Brabanter (Foto S. 61)
Farben: Rot; Schwarz; Schwarz mit Loh (Black and Tan); schwarze Maske

Größe: Rüden und Hündinnen 21 bis 28 cm

Gewicht: Rüden und Hündinnen 3,5 bis 6 kg

Normalerweise werden die rauhaarigen Schläge getrennt von dem kurzhaarigen Petit Brabançon gezüchtet. Dennoch werden gelegentlich Brabançon eingekreuzt, um die feste Haarstruktur und die kräftigen Farben zu erhalten.

Das abgestorbene Haar der rauhaarigen Griffons muss regelmäßig durch Handtrimmen herausgezupft werden. Nur so bleibt die gewünschte Struktur des Fells erhalten.

Typisch für diese Rassen ist der Vorbiss. Vor Inkrafttreten des Kupierverbotes wurde die Rute dieser kleinen Hunde ganz kurz kupiert.

Laut Welpenstatistik des VDH werden pro Jahr durchschnittlich zwischen 50 und 80 Welpen insgesamt von allen drei Rassen gemeldet.

Havaneser

Die Vorfahren des Havanesers stammten aus dem spanischen und italienischen Mittelmeerraum. Vermutlich gelangten zahlreiche dieser Hunde mit den spanischen Eroberern in die Karibik, wo sie sich auf Kuba als eigenständige Rasse weiterentwickelten. Ob die Vorfahren Bologneser (siehe S. 22), Malteser (siehe S. 82) oder weitere Bichon-Rassen waren, die schließlich mit anderen Hunden in Kuba gekreuzt wurden, ist nicht genau bekannt. Aber vermutlich haben sich aus reinweißen Hunden der Bichon-Gruppe durch das Vermischen mit anderen Rassen die vielen Farbenschläge entwickelt.

Ihren Namen verdanken sie der Tatsache, dass früher die sogenannte Havanna-Farbe, also die Farbe des Tabaks, bei den Hunden am meisten vorkam. Daher wurden sie nach der gleichnamigen Hauptstadt von Kuba benannt. Eine andere Bezeichnung war früher auch „Havana Silk Dog“ (Havanna Seidenhündchen). Der Havaneser war besonders im 17. Jahrhundert ein beliebter Begleithund für die adeligen Damen, geriet danach aber bald in Vergessenheit. Früher wurde er auch viel bei Wanderbühnen und im Zirkus vorgeführt, da ihm leicht irgendwelche Kunststücke beizubringen sind. Und kubanische Kleinbauern nutzten ihn auch als Hütehund für das Vieh. Im 20. Jahrhundert war diese Rasse allerdings recht selten geworden. Nur einige Exilkubaner, die nach USA gelangten, nahmen Hunde dieser Rasse mit, wodurch ihre Zucht wieder einen Aufschwung erlangte. 1996 wurde die Rasse vom American Kennel Club anerkannt. In Kuba sind die alten Blutlinien der Rasse schon lange ausgestorben. Bei der FCI wurde der Havaneser schon 1963 anerkannt. Erst 1981 gelangte die Rasse nach Deutschland. Der Havaneser ist freundlich, offen und leicht zu erziehen, also der ideale kleine Begleithund. Er besitzt Temperament und ist immer zu einem Spiel bereit. Er hängt sehr an seinen Menschen und möchte ständig dabei sein. Er hat eine kräftige Konstitution, schwimmt ausgezeichnet und geht gern ins Wasser. Er besitzt ebenso gute Hüteeigenschaften. In Kuba wurde er oft zum Hüten aller Arten von Vieh verwendet. Daher bewacht er auch gern seine „Herde“ und kündigt Fremde gebührend an. Bei Gefahr ist er beherzt und mutig. Das lange (12 bis 18 cm), üppige Haarkleid ist weich und vorzugsweise gewellt. Es besitzt nur wenig oder gar keine Unterwolle und muss regelmäßig gekämmt und gebürstet werden, um das seidige Aussehen zu behalten. Bei Ausstellungshunden darf das Fell in keiner Weise verändert werden, ansonsten wird es am Körper häufig gekürzt (siehe Foto).

Steckbrief

FCI-Nr. 250

Gruppe 9: Gesellschafts- und Begleithunde

Sektion 1: Bichons und verwandte Rassen

Ursprung: Kuba

Patronat: FCI

Größe: Rüden und Hündinnen 23 bis 27 cm mit einer Toleranz von 2 cm nach oben und unten

Gewicht: Rüden und Hündinnen 3,5 bis 6 kg

Farben: Selten vollständig Reinweiß; Falbfarben in verschiedenen Tönungen; Schwarz; Havannabraun; Tabakfarben, Rötlichbraun; Flecken in den erwähnten Farben sind zulässig; Brand ist bei allen Farben erlaubt.

Laut Welpenstatistik des VDH werden pro Jahr durchschnittlich zwischen 750 und 850 Welpen der Rasse gemeldet.

Irish Glen of Imaal Terrier

Dieser Terrier stammt von der irischen Ostküste aus der Grafschaft Wicklow, die im Glen (glen = Tal) of Imaal liegt. 1575 wurde diese Hunderasse erstmals erwähnt. Wie alt sie genau ist, bleibt ungewiss. Die Bewohner dieses Tals züchteten einen Hund, der an das raue Klima und die harten Lebensbedingungen angepasst war, viele Eigenschaften eines großen Hundes in sich vereinte, aber anspruchslos genug war, um das karge Leben seiner Besitzer zu teilen. So entstand ein kompakter Hund mit starker Muskulatur und großem Kopf, der aber relativ niedrig blieb.

Er hatte viele Arbeiten zu verrichten. Er hielt Haus und Hof von schädlichen Nagern und kleinen Raubtieren frei. Er wurde zur Jagd auf

Fuchs und Dachs eingesetzt. Er trieb Arbeitsmaschinen wie Butterfässer und Futterhäcksler an, indem er auf Laufbändern laufen musste, und er war natürlich ein Wachhund. Selbst bei fragwürdigen Hundekämpfen kam er zum Einsatz. Der Irische Kennel Club erkannte die Rasse 1934 an.
Der Irish Glen of Imaal Terrier kam jedoch nie sehr häufig vor. Nach dem Zweiten Weltkrieg stand er kurz vor dem Aussterben und konnte nur von wenigen Züchtern davor bewahrt werden. 1975 wurde er von der FCI anerkannt. Erst danach fand diese Rasse auch außerhalb Irlands Verbreitung. Bis heute ist diese Rasse bei uns aber recht selten anzutreffen.

Dieser Terrier ist ein wachsamer Familienhund, der normalerweise große Ruhe ausstrahlt. Wenn es darauf ankommt, verteidigt er aber seine Menschen und sein Heim energisch. Er besitzt die tiefe Stimme eines größeren Hundes. Frühe Sozialisation auch mit Artgenossen und der regelmäßige Besuch von Welpengruppen und später Erziehungskursen sind unbedingt zu empfehlen, da die Hunde sonst eine starke Neigung zum Raufen mit gleichgeschlechtlichen Artgenossen entwickeln. Neben Gehorsamstraining ist auch Hundesport in der Mini-Klasse eine geeignete Beschäftigung für diese Hunde.

Die Fellpflege beschränkt sich auf regelmäßiges gründliches Bürsten und gelegentliches Auszupfen der abgestorbenen Haare. Die weiche, wärmende Unterwolle wird von dem rauen, mittellangen Deckhaar geschützt. Bei Ausstellungshunden darf das Haar so zurechtgemacht werden, dass die Konturen des Hundes glatt und ordentlich aussehen.

Steckbrief

FCI-Nr. 302

Gruppe 3: Terrier

Sektion 1: Hochläufige Terrier

Ursprung: Irland

Größe: Rüden maximal 35,5 cm, Hündinnen entsprechend weniger

Gewicht: Rüden etwa 16 kg, Hündinnen entsprechend weniger

Farben: Blau gestromt und Weizenfarben von hell bis zu rötlich goldener Schattierung; immer mit schwarzblauer Maske; ein blauer Streifen kann sich auf dem Rücken, der Rute und den Ohren befinden. Die dunklen Markierungen hellen während der Wachstumsphase auf.

Laut Welpenstatistik des VDH werden pro Jahr durchschnittlich zwischen 10 und 20 Welpen der Rasse gemeldet.

Jack und Parson Russell Terrier

Seit der vorläufigen Anerkennung durch die FCI im Jahr 1990 – noch gemeinsam unter dem Namen Parson Jack Russell Terrier – hat sowohl die Namensgebung als auch die Größe dieser Hunderassen immer wieder für Verwirrung gesorgt, weil die kleineren, zu den niederläufigen Terriern zählenden und heute nur als Jack Russell Terrier bezeichneten Hunde früher nicht getrennt anerkannt waren und häufig mit dem heutigen Parson Russell Terrier verwechselt wurden. Allerdings sind diese Verwechslungen völlig verständlich, da beide Rassen denselben Ursprung haben und sich nach wie vor im äußeren Erscheinungsbild sehr ähneln. Seit 2001 ist der Parson Russell Terrier endgültig anerkannt, 2003 erhielt auch der kurzbeinige

„Jacki" die endgültige Anerkennung. Wie man an den Welpenzahlen sieht, ist der größere „Parson" wesentlich häufiger als der kleine „Jacki". Sie haben sich bei uns schon vor vielen Jahren zu Modehunden entwickelt und so mancher anderen kleinen Terrier-Rasse den Rang abgelaufen.

Benannt sind diese Hunde nach einem Pfarrer, der Mitte des 19. Jahrhunderts in der englischen Grafschaft Devon lebte. Er war ein begeisterter Jäger und züchtete diese Terrier, damit er den Fuchs in seinem Bau aufstöbern konnte. Ausgangsrassen waren verschiedene Typen des alten Fox Terriers. Die Hunde sollten weiß sein, damit sie nicht mit den Füchsen verwechselt und aus Versehen erschossen wurden. Sie mussten klein und wendig sein, damit sie in den Fuchsbau passten. Und die Rute sollte lang genug sein (etwa eine Handbreit), damit man sie notfalls aus dem Bau herausziehen konnte. Früher wurde daher die Rute dieser Hunde, die ja ausschließlich jagdlich eingesetzt wurden, auf eine entsprechende Länge kupiert. Heute allerdings werden die meisten Exemplare nicht mehr für die Jagd verwendet, sondern als Familien- und Begleithunde gehalten, daher ist das Kupieren der Rute für solche Hunde nicht mehr erlaubt und auch nicht sinnvoll.

Während bei uns Jack und Parson Russell Terrier bis auf die Körpergröße noch kaum Unterschiede aufweisen, kann der Jack Russell Terrier in Australien schon auf eine viel längere Geschichte als eigenständige Rasse zurückblicken. Bedingt durch die geografische Abgeschiedenheit konnte sich die Rasse in Australien anders entwickeln und besitzt dort ein viel eigenständigeres Exterieur als die europäischen Vertreter. Somit wird häufig der Standpunkt vertreten, dass Australien eigentlich das Land ist, in dem sich der Jack Russell Terrier entwickelt hat.

Steckbrief

FCI-Nr. 345: Jack Russell Terrier

Gruppe 3: Terrier

Sektion 2: Niederläufige Terrier

Ursprung: England

Entwicklung: Australien

Größe: Rüde und Hündinnen 25 bis 30 cm

Gewicht: Pro 5 cm Größe etwa 1 kg, also ideal 5 bis 6 kg

Farben: Weiß muss vorherrschen, mit schwarzen und/oder lohfarbenen Abzeichen in allen Schattierungen

Laut Welpenstatistik des VDH werden pro Jahr durchschnittlich zwischen 150 und 200 Welpen der Rasse gemeldet.

Die Russell Terrier sind lebhaft, flink, mutig und arbeitsfreudig und trotz ihrer relativ geringen Körpergröße

nichts für bequeme Menschen. Sie lassen sich auch von größeren Artgenossen nur selten einschüchtern. Ursprünglich als Jagdterrier gezüchtet sind sie furchtlos und sollten entsprechend ihrer Körpergröße am besten hundesportlich beschäftigt werden. In der Mini-Klasse beim Agility sind sie kaum zu schlagen. Aber auch für andere Hundesportarten sind sie zu begeistern und bei Reitern haben sie sich zu beliebten Reitbegleithunden entwickelt, die man im Notfall bei längeren Strecken auch auf dem Sattel mitnehmen kann.

Wie alle Terrier benötigen sie eine konsequente Erziehung, die man trotz der Kleinheit nicht unterschätzen darf. Nicht selten werden diese Hunde vor allem wegen ihres so „niedlichen" Aussehens und ihrer handlichen Größe angeschafft, was dazu führt, das so mancher Russell-Besitzer völlig überfordert ist, weil er diese Hunde falsch eingeschätzt hat.

Das Fell der Russell Terrier kann rau-, glatt- oder stichelhaarig sein mit dichter Unterwolle. Rauhaarige Vertreter müssen mehrmals jährlich getrimmt werden, um die gewünschte Felldichte zu erhalten. Sie sollten aber niemals wie geschnitten aussehen. Werden sie nicht getrimmt, verwächst die Unterwolle mit dem Deckhaar, das Fell klappt auseinander und der Schutz vor Nässe und Kälte geht verloren. Beide

Steckbrief

FCI-Nr. 339: Parson Russell Terrier

Gruppe 3: Terrier

Sektion 1: Hochläufige Terrier

Ursprung: England

Entwicklung: Australien

Größe: Rüden ideal 36 cm; Hündinnen ideal 33 cm

Gewicht: Pro 5 cm Größe etwa 1 kg, also ideal 5 bis 6 kg

Farben: Einfarbig Weiß oder vorwiegend Weiß mit lohfarbenen, gelben oder schwarzen Abzeichen oder jede Kombination dieser Farben

Laut Welpenstatistik des VDH werden pro Jahr durchschnittlich zwischen 750 und 900 Welpen der Rasse gemeldet.

Rassen sind robust und langlebig. Aufgrund ihres Temperaments kann es aber vorkommen, dass sie sich körperlich zu sehr verausgaben. Hier sollte der Mensch rechtzeitig Einhalt gebieten.

Japan-Chin

Alten Aufzeichnungen zufolge kamen die Vorfahren des Chins im Jahr 732 n.Chr. aus Korea nach Japan als Geschenk für den kaiserlichen Hof. In den nächsten hundert Jahren gelangten noch viele weitere solcher Hunde nach Japan. Im japanischen Altertum zählte der Chin – übersetzt bedeutet das „Kostbarkeit" – zu den heiligen Hunden. Ob diese Rasse eine gemeinsame Wurzel mit den chinesischen Palasthunden hat, ist nicht genau geklärt. Tatsache ist aber, dass im 7. und 8. Jahrhundert der Tribut von China an Japan teils in Hunden zu entrichten war. Die japanischen Adeligen züchteten den Chin mit übertriebener Sorgfalt. Je kleiner er war, desto kostbarer war er. Auf vielen Kunstgegenständen ist er abgebildet. Er wurde sogar in

Bambuskäfigen gehalten oder von den adeligen Damen als „Ärmelhündchen" herumgetragen.
Im Jahr 1613 wurde der erste Chin von einem britischen Kapitän nach England gebracht. 1873 tauchte diese Rasse das erste Mal auf einer Ausstellung in Birmingham auf. Nach Deutschland gelangte das erste Paar dieser Rasse als Geschenk für die deutsche Kaiserin im Jahr 1880. Aber erst Jahre später gelang die gezielte Zucht dieser Hunde. Besonders problematisch war die Umgewöhnung der importierten Hunde, da diese an die klimatischen Bedingungen ihre Heimat angepasst waren und dort nur vegetarisch ernährt wurden.

Die Hunde sind lebhaft und elegant und besitzen einen grazilen, aber dennoch kräftigen Knochenbau. Ein besonderes Merkmal ist der hohe Gang der Vorderhand. Sie sind anhänglich, zärtlich und die idealen Begleiter auch für ältere Menschen. Sie brauchen nicht viel Auslauf, sind ruhig und fühlen sich auch in einer Stadtwohnung wohl. Allerdings bleiben sie nicht gern allein. Aufgrund ihrer Kleinheit können sie aber überallhin gut mitgenommen werden, zumal sie auch nicht sehr bellfreudig sind. Gegenüber Artgenossen und anderen Haustieren sind sie friedlich, vertragen allerdings im Spiel keine allzu raue Behandlung durch große Hunde.

Das lange Fell ist seidig und glatt mit üppiger Federung an Ohren, Nacken, Beinen und Rute. Es sollte zweimal wöchentlich gebürstet werden, um ein Verfilzen zu verhindern. Gelegentliches Baden hält die weiße Farbe schön hell. Die Gesichtsfalten können mit etwas Creme gepflegt und sauber gehalten werden.

Steckbrief

FCI-Nr. 206

Gruppe 9: Gesellschafts- und Begleithunde

Sektion 8: Japanische Spaniel und Pekingesen

Ursprung: Japan

Größe: Rüden 25 cm, Hündinnen etwas kleiner

Gewicht: Rüden und Hündinnen 2 bis 4 kg

Farben: Weiß mit schwarzen oder gelbroten Platten, aber nie dreifarbig

Bei der Auswahl dieser Hunde sollte man unbedingt darauf achten, dass sie nicht durch eine zu kurze Schnauze Atemprobleme haben und auch die Augen sollten nicht zu groß sein und zu weit hervortreten.

Laut Welpenstatistik des VDH werden pro Jahr durchschnittlich zwischen 30 und 40 Welpen der Rasse gemeldet.

Japan-Spitz

Vermutlich ist der Vorfahre des Japan-Spitz der weiße Deutsche Großspitz. Durch diese enge Verwandtschaft hat er bis heute eine verblüffende Ähnlichkeit mit den kleineren Vertretern des Deutschen Spitz (siehe S. 50). Er soll 1920 über Sibirien und China nach Japan gelangt sein. Schon 1921 wurde die Rasse auf einer Hundeausstellung in Tokio vorgeführt. Bis 1936 wurden noch andere weiße Spitze aus verschiedenen Ländern importiert und eingekreuzt, um die Rasse zu verbessern. Manche sagen, dass auch nordische Hunde mit eingekreuzt worden seien. Das würde erklären, warum der Japan Spitz dem zu den nordischen Hunden zählenden Samojeden so ähnlich sieht und auch wie dieser immer ein Lächeln im Gesicht hat.

Nach dem Zweiten Weltkrieg stellte der Japanische Kennel Club einen einheitlichen Standard auf, der bis zur Überarbeitung der heutigen Neufassung im Jahr 1987 gültig war. Schon 1964 war die Rasse von der FCI anerkannt worden. Die in ihrem Heimatland sehr beliebte Rasse ist in Europa recht selten anzutreffen. Erst 1973 kamen die ersten Japan-Spitze nach Europa. 1990 wurde der erste Wurf in Deutschland geboren. Betreut wird diese Rasse vom Verein für Deutsche Spitze.

Der Japan-Spitz ist lebhaft, temperamentvoll und anhänglich. Er wirkt immer fröhlich und aufgeweckt. Er genießt die Nähe seiner Menschen und ist der ideale Familienhund. Dank seines feinen Gehörs ist er ein zuverlässiger Wächter für Haus und Hof. Da sich seine Bellfreudigkeit aber in Grenzen hält, ist er ebenso für die Etagenwohnung geeignet. Im Standard der Rasse ist sogar vorgeschrieben, dass der Hund „nicht lärmen" darf. Denn er wurde in seinem Heimatland nicht als Wachhund, sondern ausschließlich als Begleithund gezüchtet.

Steckbrief

FCI-Nr. 262

Gruppe 5: Spitze und Hunde vom Urtyp

Sektion 5: Asiatische Spitze und verwandte Rassen

Weitere Bezeichnung: Nihon Supittsu

Ursprung: Japan

Größe: Rüden 30 bis 38 cm, Hündinnen etwas kleiner

Farben: Reinweiß

Der Japan-Spitz lernt schnell und ist flink, daher ist er für schnelle Hundesportarten geeignet. Erhält er genügend Auslauf und Bewegung in Form von Spaziergängen und Spiel mit seinen Menschen, ist er im Haus sehr angenehm zu halten. Er ist anhänglich und auch mit Artgenossen verträglich, dennoch hat er ein selbstbewusstes Wesen. Sein Jagdtrieb bricht nur selten durch. Wenn er anfangs zu Fremden etwas zurückhaltend ist, schließt er doch nach kurzer Zeit Freundschaft. Dieser unkomplizierte Hund ist auch für Menschen ohne Hundeerfahrung durchaus geeignet.

Trotz seiner Kleinheit besitzt der Japan-Spitz eine kräftige Konstitution und ist robust. Unter dem gerade abstehenden Deckhaar befindet sich eine weiche, dichte Unterwolle, die den Hund vor Kälte schützt und Schmutz abweisend ist. An Hals, Schulter und Vorbrust zeichnet sich eine schöne Krause aus und an der Rute hat er eine lange, üppige Fahne. Bis auf regelmäßiges Bürsten erfordert das Fell keine weitere Pflege.

Laut Welpenstatistik des VDH werden pro Jahr durchschnittlich zwischen 70 und 90 Welpen der Rasse gemeldet.

King Charles Spaniel

Wann dieser kleine Spaniel nach Großbritannien kam, ist ungewiss. Aber schon aus dem 14. Jahrhundert kennt man Schriften, in denen solch ein rot-weißer Hund abgebildet ist. In den Jahrhunderten danach umgaben sich die Mitglieder der Königsfamilien gern mit Hunden dieser Rasse. So hat einer dieser Hunde Maria Stuart in den Rockfalten zum Schafott begleitet. Und auch Charles I. wurde überallhin von seinen Hunden, die ihm seinen Namen verdanken, begleitet. Er erließ ein Gesetz, dass diese Hunde überall im Königreich Zutritt zu öffentlichen Gebäuden erhielten. Obwohl sie häufig als Toy-Spaniel bezeichnet wurden, hat König Eduard VII. diesen Namen verboten, damit die alten Bezeichnungen für die vier

Farbvarietäten beibehalten wurden. Im Jahr 1955 wurde die Rasse von der FCI anerkannt.

Nur die Farbvarianten a und b sowie c und d (siehe Steckbrief) dürfen miteinander gepaart werden. Die Weißträger sind wesentlich häufiger als die beiden anderen Farbvarianten. Typisch für diesen kleinen Spaniel sind die ausgeprägte Schädelwölbung, die als „Dom" bezeichnet wird, und der kurze Fang.

Obwohl die Spaniels Stöberhunde sind und auch die Gangart und die Körperhaltung an die der großen Spaniels erinnert, ist der King Charles Spaniel ein reiner Gesellschaftshund geworden, dessen Jagdpassion weitgehend erloschen ist.
Er besitzt ein aufgewecktes, lebhaftes Wesen. Auch Fremden gegenüber ist er aufgeschlossen und freundlich. Seine große Anhänglichkeit und seine Verträglichkeit mit Artgenossen waren und sind heute noch typische Rassemerkmale. Der King Charles Spaniel braucht nicht sehr viel Auslauf, ist ein idealer Begleithund für weniger sportliche Menschen und fühlt sich auch in einer Stadtwohnung wohl.

Das seidige Haar braucht keine übermäßige Pflege, sollte aber regelmäßig gekämmt werden. Früher wurde die Rute dieser Hunde kurz kupiert.

Die Rasse ist bei uns recht selten und wird nur wenig gezüchtet. Sie darf nicht verwechselt werden mit dem Cavalier King Charles Spaniel (siehe S. 30), der ein direkter Nachfahre vom King Charles Spaniel ist, wesentlich häufiger vorkommt und sich sehr großer Beliebtheit erfreut. Die beiden Rassen lassen sich nicht nur an der Größe, sondern vor allem an der Kopfform aufgrund der ausgeprägten Schädeldachwölbung und der Größe der Augen unterscheiden.

Laut Welpenstatistik des VDH werden pro Jahr durchschnittlich zwischen 20 und 30 Welpen der Rasse gemeldet.

Steckbrief

FCI-Nr. 128

Sektion 7: Englische Gesellschaftsspaniel

Ursprung: Großbritannien

Größe: Im Standard nicht vorgesehen, aber etwa 25 bis 30 cm

Gewicht: Rüden und Hündinnen 3,6 bis 6,3 kg

Farben: a) King Charles – Black and Tan (Schwarz und Loh); b) Ruby – Kastanienrot einfarbig; c) Blenheim – Weiß mit roten Abzeichen: d) Prince Charles – Tricolor (dreifarbig: Weiß mit schwarzen Platten und braunroten Abzeichen)

Kontinentaler Zwergspaniel

Bei dem Kontinentalen Zwergspaniel unterscheidet man zwei Varietäten. Der stehohrige **Papillon** (= Schmetterling, siehe Foto rechts) wird auch Schmetterlingshündchen genannt und ist die häufiger auftretende Variante. Der hängeohrige **Phalène** (= Nachtfalter, siehe Foto links) ist zwar der ursprüngliche Typ, heute aber wesentlich seltener anzutreffen.

Die ersten Darstellungen von Hunden, die dem heutigen Phalène entsprechen, findet man auf italienischen Gemälden des 13. und 14. Jahrhunderts. Ob die Vorfahren dieser Hunde aus Ostasien stammen, ist nicht geklärt. Ab dem 16. Jahrhundert verbreiteten sich die damals seltenen und teuren Hunde in Frankreich und anderen europäische Ländern

vermutlich, weil sie als Gastgeschenke Verwendung fanden. Frankreich ist es letztlich zu verdanken, dass sich diese Rasse so erhalten hat. In England wurde ein etwas anderer Typ bevorzugt, sodass im 18. Jahrhundert die Trennung des Englischen Toy Spaniels von dem Kontinentalen Zwergspaniel erfolgte.
Der stehohrige Typ hat sich irgendwann um 1700 entwickelt, wie Gemälde aus dieser Zeit belegen. Nach dem Niedergang des französischen Adels wurde es auch um diese Hunde ruhig. Erst gegen Ende des 19. Jahrhunderts fanden sich in Frankreich und Belgien wieder Liebhaber der Rasse zusammen und bemühten sich um die Reinzucht. Der erste Standard wurde 1905 aufgestellt. 1954 wurde diese Rasse von der FCI anerkannt.

Steckbrief

FCI-Nr. 77

Gruppe 9: Gesellschafts- und Begleithunde

Sektion 9: Kontinentaler Zwergspaniel, Russischer Zwerghund und Prager Rattler

Ursprung: Frankreich und Belgien

Größe: Rüden und Hündinnen etwa 28 cm

Gewicht: Zwei Kategorien: Rüden und Hündinnen unter 2,5 kg; Rüden von 2,5 bis 4,5 kg und Hündinnen von 2,5 bis 5 kg; Minimalgewicht 1,5 kg

Farben: Zweifarbig oder dreifarbig; auf weißem Grund alle Farben erlaubt; selten einfarbig Rot, Braun oder Schwarz.

Der Kontinentale Zwergspaniel ist ein aufgeweckter, sehr menschenbezogener Hund, der gern mit seiner Familie spielt und schmust, aber auch sehr sensibel ist. Er bleibt nicht gern allein. Fremden gegenüber ist er etwas zurückhaltend und lässt sich nicht von jedem anfassen. Er ist wachsam und schlägt sofort an, wenn er etwas Ungewöhnliches bemerkt. Daher sollte von vornherein durch richtige Erziehung seine Bellfreudigkeit im Rahmen gehalten werden. Er benötigt zwar nicht übermäßig viel Auslauf, liebt aber dennoch ausgedehnte Spaziergänge, bei denen er sich austoben kann und auch mal etwas aufstöbern oder apportieren darf. Beim Hundesport in der Mini-Klasse sieht man in letzter Zeit immer häufiger auch mal einen Papillon. Die Hunde besitzen keine Unterwolle, daher ist ihre Fellpflege relativ unkompliziert. Die langen Haare an den Ohren, den Läufen und der Rute werden regelmäßig gekämmt, um Verknotungen vorzubeugen. Da die Hunde von sich aus Schmutz meiden, sehen sie daher immer adrett aus, wenn man sie regelmäßig bürstet.

Laut Welpenstatistik des VDH werden pro Jahr durchschnittlich zwischen 280 und 320 Welpen der Rasse gemeldet.

Lhasa Apso

Der Lhasa Apso stammt aus den Hochlagen des Himalayas, wo lange, eisige Winter mit kurzen, heißen Sommern abwechseln. Dementsprechend ist dieser kleine Hund robust und widerstandsfähig und durch sein dichtes, üppiges Fell gegen das extreme Wetter geschützt. Das lange Deckhaar ist schwer, gerade und hart, aber weder wollig noch seidig. Die Unterwolle schützt zusätzlich vor den kalten Temperaturen. Das Kopfhaar, welches vorn über die Augen fällt, schützt diese vor Wind, Staub und grellem Licht. Der freie und flotte für den Lhasa Apso typische Gang darf niemals durch das Fell eingeschränkt werden.
Nachweislich gab es den Lhasa Apso schon Jahrhunderte vor unserer Zeitrechnung in den

Klöstern und adeligen Häusern Tibets. Er ist der „tibetische Löwenhund", der als „Löwe Buddhas" in der Kunst dargestellt wurde. Die wertvollen Hunde wurden nie verkauft, sondern nur als Wegbegleiter oder Glücksbringer an hochgeschätzte Freunde verschenkt. Sie hatten bei den Tibetern immer eine privilegierte Stellung, die ihr Wesen mitgeprägt hat. In den frühen 1920er-Jahren gelangte der erste Lhasa Apso nach Großbritannien. Anfangs wurden sie dort mit anderen zotteligen Hunden aus dem Orient verwechselt und „Lhasa Terrier" genannt. Erst später erkannte man den Unterschied, speziell zwischen Tibet Terrier und Lhasa Apso. Der erste Rasseklub wurde 1933 in Großbritannien gegründet. 1960 wurde die Rasse von der FCI anerkannt.

Der Lhasa Apso ist stolz, eigenwillig und selbstbewusst. Fremden gegenüber ist er misstrauisch und er entscheidet selbst, wem er seine Gunst schenkt. Hat man einmal das Vertrauen eines Lhasa Apso gewonnen, ist er überaus anhänglich und anpassungsfähig. Im Haus ist er ruhig und angenehm und er kann überallhin mitgenommen werden. Dennoch mag er ausgedehnte Spaziergänge und tobt sich draußen gern aus.
Er lässt sich nicht herumkommandieren und mit Gewalt erreicht man bei ihm überhaupt nichts. Er zeigt keine Unterwürfigkeit und schließt sich oft einem Familienmitglied besonders stark an. Er ist aufmerksam und daher auch ein guter Wächter, der gern von einem erhöhten Aussichtspunkt aus das Geschehen überblickt.

Der Lhasa Apso ist der richtige Hund für Individualisten, die einen kleinen, fröhlichen Begleiter, aber keinen unterwürfigen Schoßhund wollen und welche die erforderliche aufwendige Fellpflege nicht abschreckt. Denn das üppige Haar muss auf alle Fälle regelmäßig gebürstet werden, damit es nicht verfilzt und sich keine „Souvenirs" vom Spaziergang darin verfangen.

Steckbrief

FCI-Nr. 227

Gruppe 9: Gesellschafts- und Begleithunde

Sektion 5: Tibetanische Hunderassen

Ursprung: Tibet (China)

Patronat: Großbritannien

Größe: Rüden 25 cm, Hündinnen etwas kleiner

Farben: Gold; Sandfarben; Honigfarben; Dunkelgrizzle; Schieferfarben; Rauchgrau; Schwarz; Weiß; Braun; Zweifarbig; alle Farben sind gleichermaßen erlaubt.

Laut Welpenstatistik des VDH werden pro Jahr durchschnittlich zwischen 30 und 60 Welpen der Rasse gemeldet.

Löwchen

Der „kleine Löwenhund" gehört zu den Bichon-Rassen. Hauptmerkmal ist die löwenartige Schur, die standardmäßig und somit vor allem bei Ausstellungshunden vorgeschrieben ist. Der Ursprung der Rasse lässt sich bis ins 14. Jahrhundert zurückverfolgen. In der Kathedrale von Amiens in Frankreich sind zum Beispiel zwei Löwchen in Stein gehauen mit einer Löwenschur dargestellt, wie sie heute noch durchgeführt wird, und auch auf vielen alten Gemälden sind diese Hunde abgebildet. Im 18. Jahrhunderte wurden die Hunde auch mehrfach in der Literatur erwähnt, wobei schon damals ihre Seltenheit betont wurde.

Die Löwchen waren immer reine Begleit- und Schoßhunde und wurden von den edlen

Hofdamen verwöhnt. Der ursprüngliche Sinn dieser Schur könnte gewesen sein, dass die Hunde als lebende Wärmflaschen verwendet wurden, wobei sie natürlich mehr Wärme abgeben, wenn das Haar kurz geschoren ist. Die frühere Bezeichnung war „Bichon Petit Chien Lion". 1847 wurde der französische Klub für diese Rasse gegründet. Trotzdem waren diese Hunde aber damals nicht sehr häufig anzutreffen. Um das Jahr 1900 waren die Löwchen sogar schon fast völlig verschwunden. Dann war es lange ruhig um die Rasse. 1961 wurde sie von der FCI anerkannt, aber 1966 soll es weltweit nur noch 40 Exemplare gegeben haben. Wenigen engagierten Züchtern ist es zu verdanken, dass die Rasse vor dem Aussterben bewahrt wurde.

Das Löwchen ist ein lebhafter, anhänglicher, problemloser Begleithund, der keine außergewöhnlichen Ansprüche stellt und auch mit beengten Wohnverhältnissen zurechtkommt. Er ist menschenfreundlich, bellt wenig und lässt sich leicht erziehen. Er ist sehr anhänglich und aufmerksam und kann als echter Schmusehund bezeichnet werden. Im Vergleich zu den anderen Gesellschaftshunderassen ist das Löwchen trotz seiner angenehmen Eigenschaften bei uns noch relativ selten zu sehen. Dabei ist er sicherlich für alle Menschen jeden Alters, die einen freundlichen, kleinen Begleithund suchen, gut geeignet.
Das dichte, lange Haarkleid ist seidig und gewellt, besitzt aber keine Unterwolle. Bei der löwenartigen Schur muss das Fell an den nicht geschorenen Körperstellen völlig natürlich bleiben. Das Kopfhaar und das am ersten Drittel des Rumpfes als „Jacke" bezeichnete lange Haar darf nicht geschnitten werden. Die flatternde Mähne unterstützt den forschen und stolzen Gang, der für diese Hunde so typisch ist. Am Ende der Rute bleibt auch eine schöne Quaste aus langen Haaren bestehen. Wer aber seinen Hund nicht ausstellen möchte, kann das Haar auch am ganzen Körper bei seiner natürlichen Länge belassen.

Steckbrief

FCI-Nr. 233

Gruppe 9: Gesellschafts- und Begleithunde

Sektion 1: Bichons und verwandte Rassen

Weitere Bezeichnung: Petit Chien Lion (Kleiner Löwenhund)

Ursprung: Frankreich

Größe: Rüden und Hündinnen 26 bis 32 cm. Eine Abweichung von 1 cm nach oben oder unten ist erlaubt.

Farben: Alle Farben oder alle kombinierten Färbungen sind erlaubt.

Laut Welpenstatistik des VDH werden pro Jahr durchschnittlich zwischen 100 und 120 Welpen der Rasse gemeldet.

Malteser

Diese Rasse gibt es nachweislich seit über 2000 Jahren. Schon auf Abbildungen aus der Zeit der Pharaonen und dem alten Griechenland waren weiße, langhaarige Zwerghunde zu sehen. Aristoteles bezeichnete diese Vorfahren aller bichonartigen Hunde als „canes melitensis". Im alten Rom waren sie begehrte Schoßhunde der Reichen und Mächtigen. Mit der Renaissance haben sie auch in Europa Einzug in Adels- und Königshäuser gehalten.

Der Name bedeutet nicht, dass diese Rasse von der Insel Malta stammt, sondern der Begriff „màlat" heißt so viel wie Zuflucht oder Hafen und spiegelt sich in zahlreichen Ortsnamen im Mittelmeerraum wider. Die Vorfahren des heutigen Maltesers lebten in den Hafenstädten am Mittelmeer und wurden ursprünglich als Ratten- und Mäusefänger auf Schiffen und in Häfen eingesetzt. Aber schon bald wurden diese Hunde zu einem reinen Prestigeobjekt, das der Oberschicht vorbehalten war. Im Jahr 1955 wurde die Rasse von der FCI anerkannt.

Heute ist der Malteser ein idealer Begleithund für Menschen, die zwar gern regelmäßig, aber nicht übermäßig lange spazieren gehen. Er fühlt sich auch in einer Stadtwohnung wohl und gilt ebenso für ältere Personen als problemloser Begleiter. Er besitzt ein ausgeglichenes Temperament, neigt nicht zu übermäßigem Bellen und schließt sich seinen Menschen treu an. Trotz seiner Kleinheit ist der Malteser mutig und wachsam. Dieser lebhafte Hund ist oft bis ins hohe Alter munter und verspielt.

Wer sich für einen Malteser entscheidet, muss jeden Tag mindestens eine halbe Stunde für die notwendige Fellpflege aufbringen. Das seidig glänzende Haar muss täglich gekämmt werden, damit es nicht verfilzt und die Hunde gepflegt aussehen. Das Fell besitzt keine Unterwolle. Es ist völlig glatt ohne Locken oder Kräuselung und muss am Körper schwer bis auf den Boden fallen. Auch auf dem Kopf ist das Haar sehr lang und vermischt sich mit dem Barthaar und dem Haar an den Ohren. Daher wird das Haar am Kopf häufig mit einer Spange zusammengehalten, damit die Sicht nicht eingeschränkt ist.

Es gibt aber auch viele Malteser, die eine Kurzhaarfrisur bekommen, da ihren Menschen die Fellpflege zu aufwendig ist. Allerdings ist dann nur schwer zu erkennen, dass es sich bei ihnen um einen Malteser handelt, da das seidige, schwer nach unten fallende Haarkleid ein typisches Markenzeichen für die Rasse ist.

Steckbrief

FCI-Nr. 65

Gruppe 9: Gesellschafts- und Begleithunde

Sektion 1: Bichons und verwandte Rassen

Ursprung: Zentrales Mittelmeergebiet

Patronat: Italien

Größe: Rüden 21 bis 25 cm; Hündinnen 20 bis 23 cm.

Gewicht: Rüden und Hündinnen 3 bis 4 kg

Farben: Weiß; eine helle Elfenbeintönung ist zulässig.

Laut Welpenstatistik des VDH werden pro Jahr durchschnittlich zwischen 280 und 320 Welpen der Rasse gemeldet.

Mops

Wahrscheinlich liegt der Ursprung des Mops in China, wo schon lange vor unserer Zeitrechnung in Palästen kleine Hunde gehalten und gezüchtet wurden. Der Urahn ist vermutlich der „Lo-Sze", der um 1000 n. Chr. in großer Zahl gezüchtet wurde. Durch Handelsbeziehungen im 16. Jahrhundert gelangten die ersten Vertreter dieser Rasse nach Europa, wo sie in vielen Königs- und Adelshäusern Einzug hielten. In England wurde der Mops dann konstant gezüchtet, deshalb hat auch Großbritannien das Patronat für diese Rasse übernommen. Bis 1877 waren hier nur hellfalbfarbene Hunde dieser Rasse bekannt. Dann wurde ein schwarzes Paar aus dem Orient eingeführt, sodass auch in Europa andere Farbenschläge in der Zucht auftraten.

Zunächst war es noch üblich, die Ohren der Hunde zu kupieren, bis Königin Viktoria dies verbot. Die englische Bezeichnung für den Mops ist übrigens „Pug" – wichtig zu wissen, wenn man in der Literatur nach der Rasse sucht und bei dem Begriff Mops nicht fündig wird. 1966 wurde die Rasse von der FCI anerkannt.
Möpse waren immer recht selten und teuer. Mit der Zeit kamen sie aber „aus der Mode" und zählten lange zu den eher seltenen Vertretern der Kleinhunde. In den letzten Jahren sind sie aber wieder populärer geworden und immer häufiger bei den Liebhabern kleinerer Hunde anzutreffen.

Im 19. Jahrhundert wurde aus dem ursprünglich vitalen, athletischen Hund allmählich ein Schoßhund für die Damen, der mit Süßigkeiten verwöhnt wurde, dadurch hoffnungslos verfettet war und zur Karikatur seiner selbst wurde. Dadurch erhielt er ein negatives Image. Schaut man sich historische Bilder von Möpsen an, stellt man fest, dass damals die Hunde wesentlich schlanker und hochbeiniger waren als heute und auch eine nicht so stark verkürzte Schnauze hatten.
Zum Glück liegen heute die Bestrebungen der Zucht wieder darin, muskulöse, gesunde Hunde ohne übermäßige Faltenbildung hervorzubringen, die durch eine nicht mehr übertrieben kurze Nase weniger zu Atembeschwerden neigen. Auch die Augen dürfen nicht mehr so extrem vorstehen. Entsprechende Änderungen wurden bei der letzten Aktualisierung des Standards explizit betont. So werden eine zusammengedrückte Nase und eine starke Faltenbildung auf dem Nasenrücken nicht mehr akzeptiert. Zähne und/oder Zunge dürfen bei geschlossenem Maul nicht sichtbar sein.

Steckbrief

FCI-Nr. 253

Gruppe 9: Gesellschafts- und Begleithunde

Sektion 11: Kleine doggenartige Hunde

Ursprung: China

Patronat: Großbritannien

Größe: Im Standard nicht festgelegt, aber etwa bis zu 32 cm

Gewicht: Rüden und Hündinnen 6,3 bis 8,1 kg

Farben: Silber; Apricot; Fauve (Falbfarben); Schwarz. Maske, Ohren, Naeri auf den Wangen, Stirnfleck (in Form einer Raute) und Aalstrich möglichst schwarz.

Auf alle Fälle wirkt sich das Bestreben, wieder die ursprüngliche Form in der Zucht zu erreichen, positiv auf die Gesundheit dieser Hunde aus. In diesem Zusammenhang hat sich auch 2006 der Züchterkreis Retromops (ZKR) gebildet, der sich durch gezielte

Einkreuzung anderer Rassen zum Ziel gesetzt hat, die alte Form des Mopses mit längeren Beinen, weniger verkürzter Schnauze und nicht so vorstehenden Augen wieder herauszuzüchten.

Laut Standard soll der Mops ausgesprochen quadratisch und kompakt sein mit einer festen Muskulatur. Die Rute ist über dem Rücken geringelt und wird dicht am Körper getragen, sodass bei einem Mops das fröhliche Rutenspiel wie bei Hunden mit langem, geraden Schwanz nicht zu sehen ist.

Der Mops ist ausgeglichen, anpassungsfähig und frei von Aggression. Bei jungen Hunden muss das Temperament gezügelt werden, damit sie sich nicht überanstrengen. Für extremen Hundesport oder übermäßig lange Wanderungen vor allem bei sehr warmem Wetter ist der Mops weniger geeignet, auch wenn er heute weit weniger Atemprobleme hat als früher. Ganz normale, auch etwas längere Spaziergänge sind jedoch ein Problem.

Der Mops ist ein anhänglicher, ruhiger Familien- und Begleithund, der jedoch eine eigenständige Persönlichkeit entwickelt und viel Zuwendung benötigt. Für die Grunderziehung muss man sehr viel Geduld und Konsequenz aufbringen. Und wer Ambitionen hat, Hundesport mit seinem Vierbeiner zu betreiben und sich vielleicht noch in Wettbewerben mit anderen zu messen, für den ist diese Rasse nicht geeignet. Wer aber einfach einen unkomplizierten und anhänglichen Begleiter haben möchte, für den ist der Mops der ideale Familienhund, der sich auch an verschiedene Lebensbedingungen gut anpasst.

Bei etwa 1 Prozent aller Möpse tritt die sogenannte Pug-Dog-Enzephalitis auf, eine vererbbare Erkrankung des Zentralen Nervensystems. Hierfür gibt es aber einen Gentest, der seit 2015 Pflicht ist bei Hunden, die zur Zucht zugelassen werden sollen. Somit lassen sich eine weitere Verbreitung dieser Genmutation und dadurch eine mögliche Erkrankung der Hunde vermeiden. Auch muss bei der Zucht darauf geachtet werden, dass es durch die extrem geringelte Rute nicht zu Wirbelsäulenproblemen kommt.

Für sein Wohlbefinden muss der Mops unbedingt ausgewogen ernährt und ausreichend bewegt werden. Nur so kann er einen gesunden, muskulösen Körper entwickeln. Das Futter sollte konsequent abgeteilt werden, da ein Mops mehr fressen würde, als ihm guttut. Das kurze feine, glatte und weiche Haar bedarf keiner besonderen Pflege.

Laut Welpenstatistik des VDH werden pro Jahr durchschnittlich zwischen 400 und 500 Welpen der Rasse gemeldet.

Norfolk und Norwich Terrier

Norfolk und Norwich Terrier gehören zu den kleinsten Terriern. Sie haben gemeinsame Vorfahren – hierzu gehören Irish Glen of Imaal (siehe S. 64), Cairn (siehe S. 28) und Dandie Dinmont Terrier (siehe S. 48) – und galten lange Zeit nicht als unterschiedliche Rassen. Im 19. Jahrhundert traf man sie vor allem auf Getreidefarmen und in Pferdeställen an, die sie von Ratten und Mäusen frei halten sollten. Für die Studenten in Cambridge war die Rattenjagd ein beliebter Sport, den sie mit diesen Hunden betrieben haben. 1932 wurde der Norwich Terrier mit Kipp- oder Stehohren als Rasse anerkannt. 1954 erfolgte die Anerkennung durch die FCI. Erst 1964 bekamen die beiden Varianten unterschiedliche Standards und die kippohrigen Hunde erhielten den Namen Norfolk Terrier (Foto unten rechts). Der Norfolk Terrier wurde dann 1966 von der FCI anerkannt. Ihre Namen haben diese Rassen von der Grafschaft Norfolk bzw. von deren Hauptstadt Norwich erhalten.

Beide Terrier sind liebenswerte Familienhunde, die auch etwas für hundeunerfahrene Menschen sind. Sie besitzen ein aufgewecktes, fröhliches Wesen und sind vor allem – was eher terrieruntypisch ist – nicht streitsüchtig mit Artgenossen. Daher lassen sie sich auch gut mit anderen Hunden vergesellschaften. Sie sind sehr verspielt, lassen sich leicht erziehen und bellen auch nicht grundlos. Sie sind ausdauernd auf langen Spaziergängen, brauchen aber aufgrund ihrer Körpergröße nicht so viel Auslauf. Sie können auch in einer kleineren Wohnung gehalten werden. Sie lassen sich gut zum Begleithund ausbilden und lernen schnell kleine Kunststücke.

Das raue Fell benötigt nicht viel Pflege, gelegentliches Bürsten reicht aus. Zweimal im Jahr sollten die abgestorbenen Haare von Hand ausgezupft, also getrimmt werden. Das etwas strubbelige Aussehen entspricht dem natürlichen Erscheinungsbild, daher sollte nicht übermäßig getrimmt werden. Früher wurde die Rute bei diesen Hunden kurz kupiert.

Laut Welpenstatistik des VDH werden pro Jahr durchschnittlich zwischen 200 und 250 Welpen von beiden Rassen insgesamt gemeldet.

Steckbrief

Gruppe 3: Terrier

Sektion 2: Niederläufige Terrier

FCI-Nr. 272: Norfolk Terrier

FCI-Nr. 72: Norwich Terrier

Ursprung: Großbritannien

Größe: Rüden und Hündinnen ideal 25 cm

Gewicht: Rüden und Hündinnen 5 bis 7 kg

Farben: Alle Schattierungen von Rot, Weizenfarben, Schwarz mit Loh oder Grizzle (grau meliert).
Beide Rassen unterscheiden sich nur durch die Ohren. Der Norfolk Terrier hat nach vorn fallende Kippohren, der Norwich Terrier hat Stehohren.

Pekingese

Um den Ursprung dieses Hundes ranken sich viele Legenden. Eine besagt, er sei aus einer Paarung zwischen Löwe und Äffchen entstanden. Eine andere erzählt, er sei aus der Verbindung einer in eine Lotusblüte verwandelten Prinzessin und eines in ein Eichhörnchen verwandelten Prinzen hervorgegangen. Vermutlich wurde der Pekingese aus einer tibetischen Zwerghunderasse herausgezüchtet und kam später an den kaiserlichen Hof in China. Tatsache ist, dass die Rasse seit einigen tausend Jahren besteht. Um 500 v. Chr. wurde sie in mehreren Schriften erwähnt. Sie wird auch als „under-table-dog" beschrieben, was bei einer üblichen Tischhöhe von 20 cm in China auf ihre Körpergröße schließen lässt.

Der Name Peking-Palasthund weist schon darauf hin, dass diese Hunde ausschließlich am kaiserlichen Hof gehalten und gezüchtet wurden. Sie waren reine „Streichelhunde" und wurden nie für eine bestimmte Aufgabe verwendet. Erst 1860 nach Plünderung des kaiserlichen Palastes gelangten die ersten Exemplare nach England. Um 1900 begann die gezielte Zucht in Deutschland. Im Jahr 1966 wurde die Rasse von der FCI anerkannt.

Ein Pekingese ist furchtlos und zurückhaltend. Trotz seiner Herkunft erkundet er gern seine Umgebung und es kann sogar vorkommen, dass er eine Maus oder Ratte fängt. Er besitzt ein ausgeprägtes Selbstbewusstsein und entscheidet selbst, wann und wem er seine Zuneigung zeigt. Er lässt sich nicht herumkommandieren und somit auch kaum ausbilden. Der Pekingese benötigt nicht viel Auslauf und fühlt sich auch in einer Etagenwohnung wohl. Das dichte, lange Fell schützt die Hunde sicher vor Kälte, sodass sie sich im Winter gern draußen aufhalten und im Schnee wälzen oder sogar einschneien lassen. Dagegen reagieren sie empfindlich auf Hitze. Daher sollte im Sommer tagsüber auf Spaziergänge verzichtet werden. Das Fell sollte regelmäßig gebürstet werden, damit es nicht verfilzt.
Der Pekingese ist etwas für weniger bewegungsfreudige oder auch ältere Menschen, die seinen eigenen Charakter akzeptieren und ihn nicht zum Gehorsam zwingen wollen. Früher hatten diese Hunde aufgrund der verkürzten Nase oft erhebliche Atemwegsprobleme und waren auch durch ein übermäßiges Fell in ihrer Bewegung eingeschränkt. Heute wird bei der Zucht darauf geachtet, dass diese übertrieben ausgeprägten Merkmale nicht mehr auftreten. Dafür wurden Hinweise im Standard extra mit aufgenommen.

Steckbrief

FCI-Nr. 207

Gruppe 9: Gesellschafts- und Begleithunde

Sektion 8: Japanische Spaniel und Pekingesen

Weitere Bezeichnung: Peking-Palasthund

Ursprung: China

Patronat: Großbritannien

Größe: Im Standard nicht festgelegt, aber etwa 15 bis 23 cm

Gewicht: Rüden nicht über 5 kg, Hündinnen nicht über 5,4 kg

Farben: Alle Farben erlaubt außer Albino und Leberfarben. Bei mehrfarbigen Hunden sind die Farben gleichmäßig verteilt.

Laut Welpenstatistik des VDH werden pro Jahr durchschnittlich 20 bis 30 Welpen der Rasse gemeldet, Tendenz abfallend zu einstelligen Zahlen.

Podengo Português Pequeno

Diese Hunderasse mit dem äußerst vielfältigen Erscheinungsbild stammt aus dem Norden Portugals. Sie gehört zu den sogenannten Urtyp-Hunden, deren Vorfahren vermutlich von den Phöniziern und Römern zu der Iberischen Halbinsel gebracht wurden. Dort passten sie sich an das Land und das Klima an. Ursprünglich wurden die Hunde für die Jagd auf Kaninchen, einzeln oder in der Meute, verwendet. Der kleine Pequeno ist dabei eher auf die Arbeit unter der Erde spezialisiert. Er geht in die Erdbaue und treibt die Kaninchen heraus. Er wurde früher aber auch häufig als Rattenfänger gehalten. Im Allgemeinen sind die Vertreter dieser Rasse ebenso gute Wachhunde.

Gerade der Podengo Português Pequeno ist in Portugal außerdem ein beliebter Haushund und hat mittlerweile auch bei uns schon einen kleinen Liebhaberkreis gefunden und einige Züchter, die sich dieser Rasse annehmen. Häufig werden Hunde dieser Rasse aber auch über den Tierschutz vermittelt. Obwohl sie noch nicht so lange bei uns bekannt ist, wurde die Rasse schon im Jahr 1954 von der FCI anerkannt.

Beim Podengo unterscheidet man die kurz- und glatthaarigen Vertreter von denen mit langem und rauem Haar. Beide haben keine Unterwolle. Bei den rauhaarigen Podengos bildet das Fell unterhalb des Unterkiefers einen Bart.

Der kleine Podengo kann gut als Familien- und Begleithund gehalten werden, wenn man seine jagdliche Passion von Anfang an durch konsequente Erziehung im Zaum hält. Er ist auch für hundesportliche Aktivitäten geeignet, lernt schnell Kunststücke und ist immer für ein Spiel zu haben. Auf alle Fälle ist er sehr bewegungsfreudig und liebt ausgedehnte Spaziergänge, ist also nicht unbedingt ein Hund für Stubenhocker und reine Stadtmenschen.

Der portugiesische Podengo ist eng mit den spanischen Rassen **Podenco Ibicenco** und **Podenco Canario** verwandt. Vermutlich gingen diese Rassen alle aus ähnlichen Vorfahren hervor. Allerdings gibt es bei den spanischen Vettern keine kleinen Varietäten wie beim Portugiesen, daher werden sie hier auch nicht näher beschrieben.

In der Welpenstatistik des VDH taucht diese Rasse so gut wie nicht auf.

Steckbrief

FCI-Nr. 94

Gruppe 5: Spitze und Hunde vom Urtyp

Sektion 7: Urtyp-Hunde zur jagdlichen Verwendung

Weitere Bezeichnung: Portugiesischer Podengo

Ursprung: Portugal
Bei dieser Rasse unterscheidet man drei Größen, wobei hier nur der kleine Podengo („Pequeno") beschrieben wird.

Größe: Rüden und Hündinnen 20 bis 30 cm

Gewicht: Rüden und Hündinnen 4 bis 6 kg

Farben: Gelb und Falbfarben, hell bis sehr dunkel mit oder ohne weiße Abzeichen; Weiß mit Abzeichen der genannten Farben. Bei den kleinen Podengos sind auch Schwarz und Braun mit oder ohne weiße Abzeichen oder Weiß mit Abzeichen in den Farben erlaubt.

Prager Rattler

Die Geschichte dieser kleinen Hunderasse geht weit in die Vergangenheit des tschechischen Reiches zurück. Der Ursprung ist also ausschließlich in Böhmen zu suchen. Aufgrund der geringen Größe, der Schnelligkeit und des hervorragenden Geruchssinns wurde der Prager Rattler zur Bekämpfung von Mäusen und Ratten (daher der Name) verwendet. Die kleinen Hunde waren vor allem in königlichen und fürstlichen Höfen zu finden und gelangten später als Geschenke der böhmischen Herrscher schließlich auch zu anderen Schichten der Bevölkerung. 1980 wurde in ihrem Heimatland mit dem Wiederaufbau dieser Rasse begonnen. Mittlerweile hat sich die Rasse etabliert und auch bei uns einen festen Liebhaberkreis gefunden. Seit 2019 ist die Rasse von der FCI provisorisch anerkannt, nachdem sie schon einige Jahre vorher beim VDH registriert worden war.

Diese zart gebauten, kleinen Hunde sind sehr neugierig und verschmust. Fremden gegenüber anfangs eher noch zurückhaltend sind sie in der eigenen Familie sehr freundlich und anhänglich und suchen immer einen intensiven Körperkontakt. Sie sind sehr wachsam und bellfreudig, was durch konsequente Erziehung aber im Rahmen gehalten werden kann. Dank der geringen Größe fühlen sie sich auch in einer Stadtwohnung wohl und können überallhin problemlos mitgenommen werden.
Allerdings sollten sie trotzdem immer ausreichend beschäftigt werden. Da sie sehr wendig und agil sind, kann man mit ihnen durchaus verschiedene Hundesportarten – natürlich nur in der Mini-Klasse – betreiben. Und auch den Jagdtrieb haben diese kleinen, mutigen Hunde behalten, sodass es durchaus vorkommen kann, dass sie kleine Nagetiere erbeuten. Eine gute Sozialisierung ist auf alle Fälle wichtig, da sich der kleine Rattler größeren Artgenossen gegenüber meistens sehr selbstbewusst verhält und versucht, sie mit lautem Gebell einzuschüchtern. Aufgrund seines Erscheinungsbildes kann er leicht mit einem Zwergpinscher (siehe S. 126) verwechselt werden.

Beim Prager Rattler unterscheidet man zwei Haarlängen. Beim kurzhaarigen Typ ist das Haar glänzend und liegt eng am Körper an ohne kahle Stellen. Der andere Haartyp hat ein Fell von mäßiger Länge mit Fransen an Ohren, Hinterhand und Rute sowie etwas längeres Fell an der Brust. Beide Varianten bedürfen keiner besonderen Fellpflege.

Steckbrief

FCI-Nr. 383

Gruppe 9: Gesellschafts- und Begleithunde

Sektion 9: Kontinentaler Zwergspaniel, Russischer Zwerghund und Prager Rattler

Weitere Bezeichnung: Prazsky Krysarik

Ursprung: Tschechische Republik

Größe: Rüden und Hündinnen 21 bis 23 cm; 1 cm Abweichung nach oben oder unten wird toleriert.

Gewicht: Rüden und Hündinnen idealerweise 2,6 kg

Farben: Schwarz, Braun oder Blau mit lohfarbenen Abzeichen (in allen Schattierungen von sehr hell bis sehr dunkel); Gelb mit heller Pigmentierung und Rot in kräftigen Schattierungen, jedoch ohne lohfarbenen Abzeichen; Schwarz und Loh meliert; Braun und Loh meliert.

Laut Welpenstatistik des VDH werden pro Jahr durchschnittlich zwischen 40 und 60 Welpen der Rasse gemeldet.

Pudel – Zwergpudel und Toy Pudel

Der Pudel gehört zu den ältesten Hunderassen. Wir finden ihn schon auf Abbildungen des antiken Griechenlands sowie aus Zeiten des Römischen Reiches. Diese pudelartigen Hunde wurden immer mit löwenartiger Schur dargestellt. Vermutlich waren Wasserhunde wie der heutige Barbet, die sich durch das lockige, pudelähnliche Fell auszeichnen, die Vorfahren 1454 wurde der Pudel sogar direkt als Wasserhund bezeichnet. 1743 erhielt diese Rasse die Bezeichnung „Caniche", womit ein weiblicher Barbet gemeint war. Der Wortstamm „cane" ist das französische Wort für weibliche Ente.

Der Ursprung des deutschen Namens liegt in dem alten Wort „Pfudel", was nichts anderes als „Pfütze" bedeutet und auf die Wasserfreudigkeit hinweist. 1955 wurde der Pudel von der FCI anerkannt.

Die hervorstechendsten Eigenschaften des Pudels sind seine Gelehrigkeit und seine Treue. Dank seines ausgeprägten Selbstbewusstseins kann sich der Pudel (zum Beispiel auf Ausstellungen) gut präsentieren und wirkt manchmal auch etwas eingebildet. Er wird nicht müde, immer neue Kunststücke zu lernen, lässt sich gut als Begleithund ausbilden und erzielt beim Agility – die kleinen Varianten natürlich in der Mini-Klasse – hervorragende Ergebnisse. Pudel sind also keineswegs nur „Salonlöwen", sondern durchaus auch Hunde für aktive, sportliche Menschen.

Der Pudel ist ein idealer Familienhund. Wenn er genügend bewegt und beschäftigt wird, fühlt er sich auch in einer Etagenwohnung wohl. Er neigt normalerweise nicht zu Aggressivität und ist leichtführig. Die kleineren Varietäten sind auch für ältere Menschen geeignet und liebenswerte, ruhige Begleiter.

Eine Besonderheit ist das Fell des Pudels, der nicht haart. Es muss regelmäßig gebürstet und sollte etwa alle acht Wochen geschoren werden. Welche Schur man für seinen Vierbeiner auswählt, ob sportlich oder klassisch, hängt vom eigenen Geschmack ab und davon, ob man ihn auf Ausstellungen präsentieren will. Denn dann ist eine der offiziell anerkannten Schuren erforderlich. Mittlerweile gibt es hierfür fünf verschiedene Varianten, die im Standard mit aufgeführt werden. Die Rute der Pudel wurde früher kupiert, was bei uns natürlich schon lange verboten ist.

Steckbrief

FCI-Nr. 172

Gruppe 9: Gesellschafts- und Begleithunde

Sektion 2: Pudel

Ursprung: Frankreich
Bei dieser Rasse unterscheidet man vier Größen, wobei hier nur die beiden kleinen aufgeführt werden.

Zwergpudel
Größe: über 28 bis 35 cm

Toy Pudel
Größe: über 24 bis 28 cm

Farben: Farben (bei allen Größen): Weiß; Braun; Schwarz; Grau; Apricot; Rotfalb. Alle Farben müssen einheitlich sein und dürfen keine weißen Flecken aufweisen. Die neuen Farben Schwarz-Loh (Black and Tan) und Schwarz-Weiß gescheckt (Harlekin) sind noch nicht von der FCI anerkannt und werden in ein Sonderregister der Pudelverbände eingetragen.

Den wenigsten ist bekannt, dass es bei der Haarbeschaffenheit des Pudels eigentlich zwei Varianten gibt. Der Hund mit lockigem Haar, so wie ihn alle kennen, ist der sogenannten Wollpudel. Das dichte Haar muss von gleichmäßiger Länge sein und Locken bilden.

Daneben gibt es noch den sehr seltenen Schnürenpudel. Hier ist das üppige Haar auch von feiner und wolliger Textur, bildet aber die charakteristischen Schnüre, die mindestens 20 cm lang sein sollen.

Bei der Größe der Pudel muss eine klare geschlechtsspezifische Prägung zu erkennen sein. Die Rüden sind immer größer und kräftiger als die Hündinnen bei allen vier Größenvarietäten. Auch ist im Standard extra betont, dass Zwerg- und Toy Pudel keine Verzwergungsmerkmale aufweisen dürfen, sondern von den Proportionen und vom Körperbau genauso aussehen sollen wie die größeren Pudel.

Wer sich den Standard vom Pudel bei der FCI anschauen möchte, muss in der Rasseliste unter der französischen Bezeichnung „Caniche" suchen. Hier findet man auch die Beschreibung der für Ausstellungen vorgeschriebenen Schuren.

Laut Welpenstatistik des VDH werden pro Jahr durchschnittlich zwischen 1800 und 2000 Welpen der Rasse gemeldet, wobei daraus nicht hervorgeht, wie viele Welpen davon Zwerg- und Toy Pudel sind.

Russkiy Toy

Es ist kein Zufall, dass der Russische Zwerghund etwas an den English Toy Terrier (siehe S. 54) erinnert, denn diese Rasse kann als dessen Vorfahre angesehen werden. Anfang des 20. Jahrhunderts war der English Toy Terrier einer der beliebtesten Kleinhunderassen in Russland. Aber in der Zeit zwischen 1920 und 1950 kam die Zucht fast zum Erliegen. Mitte der 1950er-Jahre begannen dann einige Züchter, diese Rasse wieder aufleben zu lassen. Fast alle der hierfür eingesetzten Hunde besaßen aber keine Papiere und waren zum großen Teil auch nicht mehr reinblütig. Es entstand wieder ein Zwerghund, der aber dem Standard des English Toy Terrier in vielerlei Hinsicht nicht mehr entsprach, und so kam es zu einer neuen Rasse.

Am 12. Oktober 1958 wurde ein kleiner Rüde geboren, der besonders seidige Haarfransen an Ohren und Beinen aufwies. Diese Eigenschaft wurde zu einem Zuchtziel erklärt und durch die richtigen weiteren Paarungen entstand die langhaarige Variante des Russischen Zwerghundes, der damals als „Langhaariger Moskau Toy Terrier" bezeichnet wurde. Es dauerte dann noch einige Jahre, bis sich auch die glatthaarige Variante etabliert hatte. 1985 wurde die Rasse in der damaligen UdSSR anerkannt, aber erst 2006 wurde sie auch von der FCI zunächst provisorisch und im Jahr 2017 endgültig anerkannt.
Laut Standard werden die glatthaarige und die langhaarige Variante unterschieden. Heute ähnelt der Russische Zwerghund aufgrund seiner äußeren Erscheinung sehr dem Kontinentalen Zwergspaniel (siehe S. 76). Vergleichbar mit Papillon und Phalène gibt es auch hängeohrige und stehohrige Varianten.
Der Russische Zwerghund ist ein eleganter und aktiver kleiner Hund mit feinen Knochen und in Relation zu seiner Größe recht langen Beinen. Typisch ist das muntere, fröhliche Wesen, frei von Aggressivität oder Ängstlichkeit. Die Geschlechter sind weniger durch ihr äußeres Erscheinungsbild, dagegen eher anhand ihres Verhaltens zu unterscheiden. Wie seine engen Verwandten ist der kleine Russe als Familien- und Begleithund gut geeignet. Er liebt zwar ausgedehnte Spaziergänge, ist aber durchaus in einer Stadtwohnung gut zu halten.
Aufgrund seiner geringen Körpergröße und seiner Anpassungsfähigkeit lässt sich der Russische Toy überallhin problemlos mitnehmen. Er fällt auf durch den ausdrucksstarken Blick und die großen Ohren. Trotz seiner Kleinheit ist er sehr vital und robust und hat eine hohe Lebenserwartung.

Steckbrief

FCI-Nr. 352

Gruppe 9: Gesellschafts- und Begleithunde

Sektion 9: Kontinentaler Zwergspaniel, Russischer Zwerghund und Prager Rattler

Weitere Bezeichnungen: Russischer Zwerghund, Russischer Toy

Ursprung: Russland

Größe: Rüden und Hündinnen 22 bis 27 cm, bevorzugt 25 cm

Gewicht: Rüden und Hündinnen bis zu 3 kg, bevorzugt 2,5 kg

Farben: Schwarz, Braun, Blau und Isabellfarben jeweils mit lohfarbenen Abzeichen; Rot mit Schwarz, Blau, Braun oder Isabellfarben; Rot; Falbfarben; Cremefarben. Die Farbe der Nase muss jeweils zur Fellfarbe passen.

Laut Welpenstatistik des VDH werden pro Jahr durchschnittlich 20 Welpen beim Kurzhaar und 50 Welpen beim Langhaar gemeldet.

Schipperke

Der Schipperke ist der kleinste aller Schäferhunde. Der Stammvater der belgischen Schäferhunde, der schwarze „Leuvenaar", ist somit auch sein Ahne. Der Name leitet sich von dem flämischen Wort „Schäperke" ab, was „kleiner Schäferhund" bedeutet. Schon im 15. Jahrhundert wurde die Rasse beschrieben. Um 1690 war der Schipperke der Lieblingshund der Brüsseler Schuster. Anfang des 19. Jahrhunderts war er der am meisten verbreitete Haushund in Belgien. 1888 wurde der Rasseklub in Belgien als erster Hunderasseklub in diesem Land überhaupt gegründet und im selben Jahre wurde auch der Standard festgelegt. Zunächst unterschied man noch die Varietäten Antwerpen, Löwen und Brüssel, später war das Zuchtziel aber eine

Vereinheitlichung der Rasse. Von der FCI wurde die Rasse 1954 anerkannt.
Bei uns wurde der Schipperke hauptsächlich durch die Binnenschiffer bekannt, die solche Hunde an Bord hatten. Aus diesem Grund und da die Belgier ihre Hunde auch wegen des spitzen Fangs „Spitzke“ nannten, hat sich bei uns der Name „Schifferspitz“ eingebürgert. Allerdings hat jedoch der Schipperke vom Wesen her keine Ähnlichkeit mit einem Spitz.
Früher wurden die Schipperkes zum Stöbern und bei der Jagd mit Frettchen eingesetzt. Sie waren sehr erfolgreich bei der Jagd auf Mäuse, Ratten oder Maulwürfe. Außerdem sind sie in der Lage, trotz ihrer Kleinheit eine Schafherde zu dirigieren. Das hat nicht zuletzt damit zu tun, dass sie sehr bellfreudig und recht angriffslustig sein können.
Der Schipperke ist bei uns nur recht selten anzutreffen. Er wird nicht mehr als Schäferhund eingesetzt, sondern ist ein lebhafter, anhänglicher und sportlicher Familienhund, der allerdings sehr wachsam ist. Seine Passion ist es, auf alles aufpassen zu müssen, was seinen Menschen gehört. Daher ist er ideal geeignet als Wachhund, der alarmiert, aber einem Menschen nicht ernsthaft gefährlich werden kann. Wegen seiner geringen Körpergröße ist er durchaus auch für die Haltung in einer Etagenwohnung geeignet, wenn er ansonsten genügend Bewegung erhält. Früher wurde die Rute des Schipperkes in der Regel ganz kurz kupiert. Es kommt aber auch vor, dass Welpen ohne Rute oder mit einer kurzen bzw. Stummelrute geboren werden. Der Schipperke hat ein üppiges Fell mit einer dichten, weichen Unterwolle, das ihn vor Kälte und Nässe schützt. Um den Hals ist die Behaarung länger und etwas mehr abstehend. Das Fell bildet einen Halskragen an beiden Seiten, eine Mähne am oberen Teil bis zu den Schultern und eine Brustkrause oder Schürze am unteren Teil sowie eine Hose. Eine geschlechtsspezifische Prägung muss bei dieser Rasse sehr deutlich sein. Das üppige Fell muss beim Rüden noch ausgeprägter sein als bei der Hündin.

Steckbrief

FCI-Nr. 83

Gruppe 1: Hüte- und Treibhunde (ausgenommen Schweizer Sennenhunde)

Sektion 1: Schäferhunde

Ursprung: Belgien

Größe: Im Standard nicht festgelegt, aber Rüden etwa 28 bis 33 cm und Hündinnen 25 bis 30 cm

Gewicht: Rüden und Hündinnen 3 bis 9 kg, ideal 4 bis 7 kg

Farben: Schwarz

Laut Welpenstatistik des VDH werden pro Jahr durchschnittlich zwischen 20 und 25 Welpen der Rasse gemeldet.

Scottish Terrier

Die Vorfahren dieser Hunde stammen vermutlich von den westschottischen Inseln, wo sie für die Jagd auf Kleinsäuger verwendet wurden. Mitte des 19. Jahrhunderts begann man in Aberdeen mit der Reinzucht. Der erste Standard wurde 1881 festgelegt, ein Jahr danach wurde der Schottische Terrier Club gegründet. Allerdings blieb der Scottish Terrier bis Ende des 19. Jahrhunderts noch ziemlich unbekannt. Erst seit den 1920er-Jahren sieht die Rasse so aus, wie es der Standard heute vorschreibt. Durch die FCI wurde er schon 1954 anerkannt.

Als die Rassenvielfalt bezüglich der kleinen Begleithunde noch nicht so groß war, war der Scottish Terrier bei uns recht populär, nicht zuletzt, weil er als ein „Markenzeichen" für eine Whiskeysorte bekannt wurde. (An diesem Beispiel sieht man, wie schon früher durch die Werbung bestimmte Hunderassen in Mode kamen.) Heute ist der Scottish Terrier bei uns nur noch wenig anzutreffen. Andere kleine Terrier-Rassen haben ihm den Rang abgelaufen.

Der Scottish Terrier ist ein selbstbewusster, furchtloser Hund, der Fremden gegenüber freundlich, aber zurückhaltend ist. Er hat einen ausgeprägten Schutztrieb. Er bewacht seine Menschen und sein Heim aufmerksam und verteidigt sie im Notfall lautstark und vehement. Da der Scottish Terrier ein eigensinniges und stolzes Wesen hat, ist er nicht einfach zu erziehen. Nur mit viel Geduld und Konsequenz kommt man ans Ziel. Artgenossen gegenüber verhält er sich recht dominant. Er zeigt keine Furcht.

Aufgrund seiner Körpergröße braucht er nicht allzu viel Auslauf und ist auch in einer Stadtwohnung gut zu halten. Er ist der richtige Begleiter für Menschen, die einen kleinen, aber mutigen und selbstbewussten Hund an ihrer Seite möchten.

Das Deckhaar ist rau, dicht und drahtig und bietet zusammen mit der kurzen, weichen Unterwolle einen guten Schutz vor Kälte und Nässe.
Ein besonderes Merkmal dieser Hunde ist der lange Bart, der ihnen ein etwas grimmiges Aussehen verleiht. Auf der Körperoberseite wird das Haar kurz gehalten, wogegen es an Bauch und Läufen bis auf den Boden hinabreicht. Somit wird der Scottie sowohl geschoren und an anderen Körperpartien, wo das Fell lang bleibt, getrimmt.

Steckbrief

FCI-Nr. 73

Gruppe 3: Terrier

Sektion 2: Niederläufige Terrier

Weitere Bezeichnung:
Schottischer Terrier

Ursprung: Großbritannien

Größe: Rüden und Hündinnen 25 bis 28 cm

Gewicht: Rüden und Hündinnen 8,5 bis 10,5 kg

Farben: Schwarz; Weizenfarben; Gestromt in jeder Schattierung

Am häufigsten ist bei dieser Rasse die Farbe Schwarz. Weizenfarbene und gestromte Exemplare trifft man nur sehr selten und werden von vielen nicht gleich als Scottish Terrier erkannt.

Laut Welpenstatistik des VDH werden pro Jahr durchschnittlich zwischen 150 und 180 Welpen der Rasse gemeldet.

Sealyham Terrier

Ihren Ursprung hat diese Rasse in England, und zwar auf dem Landsitz Sealy Ham, daher der Name. Dort lebte Captain Edwardes, dessen besondere Leidenschaft die Jagd auf Otter und Dachs war. Da er hierfür keine geeigneten Hunde fand, beschloss er 1848, eine eigene neue Rasse zu züchten, die kräftig und mutig genug wäre, um es mit Otter und Dachs aufzunehmen. Damit sie gut von diesen Tieren unterschieden werden konnte, sollte sie weiß sein.

Ausgangsrassen waren Fox Terrier, Westhighland White (siehe S. 122) und Dandie Dinmont Terrier (siehe S. 48) sowie rauhaarige Bassets und Cheshire Terrier.

Die neue Rasse erhielt zunächst den Namen „Edwardes Terrier". 1911 wurde sie unter ihrem heutigen Namen anerkannt. Größter Beliebtheit erfreute sich die Rasse in den 1920er- und 1930er-Jahren. Nach dem Zweiten Weltkrieg geriet der Sealyham Terrier in Vergessenheit, weil andere Rassen in Mode kamen. 1954 wurde er von der FCI anerkannt. Nur wenige Züchter bemühen sich heute noch um den Erhalt dieser Hunderasse.

Der Sealyham Terrier ist ein reiner Familien- und Begleithund geworden. Er besitzt ein fröhliches, unkompliziertes Wesen und ist im Allgemeinen auch verträglich mit Artgenossen. Er gilt als aufmerksam und furchtlos. Sein Revier bewacht er zwar gern und meldet lautstark Eindringlinge, ansonsten ist er aber ruhig und freundlich und auch für die Stadtwohnung geeignet. Für seine geringe Größe wirkt er kraftvoll und ist sehr muskulös. Seine Umrisslinien wirken rechteckig, aber nicht quadratisch.

Der kompakte, robuste Hund ist recht selbstbewusst, sodass die Erziehung nur mit viel Geduld und Konsequenz erfolgen kann. Er ist sehr anhänglich und sensibel und sollte nicht mit Härte erzogen werden.

Das drahtige, feste Haarkleid muss wöchentlich gebürstet werden. Drei- bis viermal im Jahr sollte es getrimmt werden, um das abgestorbene Haar zu entfernen. Bestimmte Bereiche wie Kopf und Hals werden auch geschoren, längeres Fell an den Beinen wird mit der Schere gekürzt.

Früher wurde die Rute dieser Hunde kupiert. Die naturbelassende Rute verjüngt sich zur Spitze hin und sollte aufrecht, aber weder geringelt noch eingedreht und nicht zu weit über dem Rücken getragen werden.

Laut Welpenstatistik des VDH werden pro Jahr durchschnittlich zwischen 15 und 30 Welpen der Rasse gemeldet.

Steckbrief

FCI-Nr. 74

Gruppe 3: Terrier

Sektion 2: Niederläufige Terrier

Ursprung: Großbritannien

Größe: Rüden und Hündinnen nicht über 31 cm

Gewicht: Rüden etwa 9 kg; Hündinnen etwa 8,2 kg

Farben: Weiß; Weiß mit gelben, braunen, blauen oder dachsfarbigen Abzeichen an Kopf und Ohren

Shetland Sheepdog

Der Sheltie, wie der Shetland Sheepdog meistens kurz genannt wird, ist in diesem Buch die größte Rasse, die hier vorgestellt wird. Auch wenn es häufig wegen der Ähnlichkeit zum Langhaar-Collie den Eindruck macht, ist der Sheltie kein Mini-Collie, sondern eine ganz eigenständige Rasse mit seiner eigenen Vorgeschichte.

Die Heimat dieses kleinen Schäferhundes sind die Shetland-Inseln nordöstlich von Schottland. Dort benötigte man einen nicht zu großen, widerstandsfähigen Hund, der die kleinen Shetland-Schafe hüten sollte. Oft wurden die Hunde tagelang mit den Schafen auf unbewohnten Inseln allein gelassen, wo die Hunde hauptsächlich dafür sorgen mussten, dass die

Schafe nicht die Klippen hinabstürzten. Dafür mussten sie sogar über deren Rücken springen, was natürlich nur für kleine, leichte Hunde möglich war.
Nachdem die Inselbewohner anfingen, größere Schafe zu halten, die nun von Border Collies gehütet werden, ist der Sheltie arbeitslos geworden und hat sich zu einem reinen Familienhund entwickelt, der sich bei uns aufgrund seine geringeren Größe und seines Erscheinungsbildes immer größerer Beliebtheit erfreut. Schon im Jahr 1954 wurde diese Rasse von der FCI anerkannt.
Der Sheltie ist ein temperamentvoller, bewegungsfreudiger Hund, der sich bei genügend Auslauf auch in einer Stadtwohnung wohlfühlt. Eine angeborene Bellfreudigkeit kann durch Erziehung eingedämmt werden. Der Sheltie hat ein freundliches Wesen und ist normalerweise auch Fremden gegenüber aufgeschlossen. Er schließt sich eng an seine Familie an und ist ein angenehmer Begleiter. Dieser fröhliche Hund ist vor allem für Menschen geeignet, die draußen gern mit ihrem Hund aktiv sind.
Der Sheltie lässt sich gut erziehen und ist bei den verschiedenen Hundesportarten mit Begeisterung dabei. Seine enorme Schnelligkeit, seine Sprungkraft und seine Wendigkeit prädestinieren den Sheltie geradezu für Agility oder andere schnelle Sportarten, bei denen er meist auch sehr erfolgreich ist.
Das lange, harte und gerade Haar bedeckt die weiche, kurze und dichte Unterwolle. Mähne und Halskrause sind sehr stark ausgebildet, das Gesicht ist dagegen kurz behaart. Wider Erwarten bedarf das lange, üppige Fell keiner übermäßigen Pflege. Einmal wöchentliches Bürsten reicht aus. Ein Baden mit Shampoo sollte vermieden werden. Das Fell wird auf keinen Fall geschoren oder geschnitten.

Steckbrief

FCI-Nr. 88

Gruppe 1: Hüte- und Treibhunde (ausgenommen Schweizer Sennenhunde)

Sektion 1: Schäferhunde

Ursprung: Großbritannien

Größe: Rüden 37 cm; Hündinnen 35,5 cm; eine Abweichung von 2,5 cm nach oben oder unten wird toleriert.

Farben: Zobelfarben rein oder in Schattierungen von hellem Gold bis zum satten Mahagoni; Tricolor (dreifarbig), tiefschwarz am Körper möglichst mit satten lohfarbenen Abzeichen; Blue Merle, satte lohfarbene Abzeichen werden bevorzugt; Schwarz-Weiß; Schwarz mit Loh. Außer bei Schwarz mit Loh sollen weiße Abzeichen als Blesse, am Halskragen, an der Brust, an den Läufen und an der Rutenspitze vorhanden sein. Weiße Flecken am Körper sind unerwünscht.

Laut Welpenstatistik des VDH werden pro Jahr durchschnittlich zwischen 900 und 1000 Welpen der Rasse gemeldet.

Shih Tzu

Nicht selten wurde oder wird immer noch der Shih Tzu mit dem Lhasa Apso (siehe S. 78) verwechselt. Die Vorfahren des Shih Tzu stammen aus Tibet, wo sie schon im 7. Jahrhundert n. Chr. als heilige Hunde in den Tempeln lebten.

Sie wurden so gezüchtet, dass sie einem Löwen glichen (ähnlich wie der Lhasa Apso), da Buddha einen kleinen Hund besaß, der sich auf Befehl in einen mächtigen Löwen verwandelte, auf dem er reiten konnte.

Die Rasse selbst wurde aber wohl in China entwickelt, wo sie damals in königlichen Palästen gehalten wurde. Vom 17. Jahrhundert bis Anfang des 20. Jahrhunderts (Bestehen der Ch'ing-Dynastie) erhielten alle Monarchen solche Hunde. In einer zehnmonatigen Reise gelangten die Hunde bei extremen Witterungsbedingungen von Lhasa nach Peking, wobei sie einen Höhenunterschied von 5000 Metern bewältigen mussten. Unterwegs war es ihre Aufgabe, die großen Do Khyis (Tibetische Hirtenhunde) zu alarmieren und so auf eventuelle Räuber aufmerksam zu machen. Im kaiserlichen Palast angekommen begann für sie dann ein sorgloses, behütetes Leben.

Seit 1912 gelangten dann auch immer wieder solche Hunde in den Westen, aber erst 1931 wurden solche Importe in Großbritannien registriert. 1934 wurden sie dann als Rasse anerkannt und bekamen 1940 ein eigenes Register zugesprochen. Im Jahr 1957 wurde der Shih Tzu auch von der FCI anerkannt.

Der Shih Tzu besitzt ein freundliches Wesen und ist der ideale Wohnungs- und Familienhund für Menschen, welche die aufwendige Fellpflege nicht scheuen. Er ist temperamentvoll, braucht aber nicht übermäßig viel Auslauf und ist auch in der Stadt gut zu halten.

Der Shih Tzu zeichnet sich durch seine außerordentliche Anpassungsfähigkeit aus. Auffallend ist das üppige Haarkleid mit reichlich Unterwolle, das ihn gegen Witterungseinflüsse zuverlässig schützt. Das Haar sollte bis zum Boden reichen.

Der Pflegeaufwand ist bei dieser Rasse erheblich. Täglich muss das Fell sorgfältig gebürstet werden. Spaziergänge durch dichten Wald und Gebüsch sollten vermieden werden, da hierdurch das Haarkleid zu sehr strapaziert wird. Typisch ist das chrysanthemenartige Gesicht, was dadurch zustande kommt, dass das Haar auf dem Nasenrücken nach oben wächst. Das lange Stirnhaar wird hochgebunden, um den Tieren eine ungehinderte Sicht zu ermöglichen.

Steckbrief

FCI-Nr. 208

Gruppe 9: Gesellschafts- und Begleithunde

Sektion 5: Tibetanische Hunderassen

Weitere Bezeichnung: Tibetischer Löwenhund

Ursprung: Tibet (China)

Patronat: Großbritannien

Größe: Rüden und Hündinnen nicht über 27 cm

Gewicht: Idealgewicht für Rüden und Hündinnen 4,5 bis 7,5 kg

Farben: Alle Farben und Abzeichen erlaubt; eine weiße Stirnblesse (das heilige Zeichen Buddhas) und eine weiße Rutenspitze sind bei mehrfarbigen Tieren erwünscht.

Laut Welpenstatistik des VDH werden pro Jahr durchschnittlich zwischen 130 und 150 Welpen der Rasse gemeldet.

Skye Terrier

Die Vorfahren des Skye Terriers waren die kleinen Hunde des schottischen Hochlands, die für die Jagd auf Dachs, Fuchs, Otter und Kaninchen verwendet wurden, indem sie diese bis in ihre Baue verfolgten. Die besten dieser „Erdhunde" sollten von der Insel Skye stammen. Früher galten der Cairn Terrier (siehe S. 28) und der Skye Terrier als eine Rasse, wobei der Cairn die kurzhaarige Variante darstellte. 1904 wurde der Skye dann als eigenständige Rasse anerkannt. Hierbei unterschied man noch die Exemplare mit Stehohren von denen mit anliegenden Ohren. Laut Standard ist heute auch noch beides erlaubt, wobei es Hunde mit Hängeohren nur äußerst selten gibt. 1954 wurde die Rasse von der FCI anerkannt.

Der Charakter des Skyes könnte als „etwas schwierig" bezeichnet werden. Er ist Fremden gegenüber misstrauisch und kann schnell aggressiv reagieren, wenn er sich provoziert fühlt. Die für seine ursprüngliche Aufgabe als Jagdhund erforderliche Schärfe hat er sich in gewissem Maße erhalten.

Meistens schließt er sich nur einem Menschen eng an, dem er dann aber bedingungslos treu ist. Daher ist er eher ein Hund für „Singles", die ihm die erforderliche Zuwendung bieten können. Sein ausgeprägtes Selbstbewusstsein erfordert bei der Erziehung viel Geduld. Artgenossen tritt er dominant gegenüber. Dieser Hund fühlt sich auch in einer Stadtwohnung wohl.

Mit seinem langen, glatten Fell ist der Skye Terrier eine besonders aparte Erscheinung. Das Fell darf aber nicht die Bewegung oder die Sicht verhindern, auch wenn die Augen oft verdeckt werden. Das Haarkleid erfordert eine intensive Pflege, damit es ordentlich aussieht und nicht verfilzt. Besonders nach Spaziergängen in der freien Natur müssen die mitgebrachten „Souvenirs" aus dem Fell herausgekämmt werden.

Die üppige Fellpracht darf nicht darüber hinwegtäuschen, dass dieser Terrier ebenso wie seine Vettern ein passionierter Jagdhund war und außerdem einen hervorragenden Geruchssinn besitzt.

Laut Welpenstatistik des VDH werden pro Jahr durchschnittlich etwa 20 Welpen der Rasse gemeldet.

Steckbrief

FCI-Nr. 75

Gruppe 3: Terrier

Sektion 2: Niederläufige Terrier

Ursprung: Großbritannien

Größe: Rüden 25 bis 26 cm; Länge von der Nasenspitze bis zum Rutenende 105 cm; Hündinnen etwas kleiner

Gewicht: Rüden und Hündinnen um 11,5 kg

Farben: Schwarz; Dunkel- oder Hellgrau; Falbfarben; Cremefarben; alle Farben mit schwarzen Abzeichen. Ein kleiner weißer Fleck an der Brust ist erlaubt.

Tibet Spaniel

Der Tibet Spaniel stammt aus den Himalaya-Regionen Tibets, wo er schon seit mindestens 2000 Jahren bekannt ist. In seiner Heimat heißen die Hunde „Jemtse Apso", was so viel bedeutet wie „geschorener Apso". Damit wird auf das viel kürzere Fell im Vergleich zum Lhasa Apso (siehe S. 78) hingewiesen. Der Begriff Spaniel ist eigentlich nicht zutreffend, da diese Hunde nichts mit den anderen Spaniel-Rassen zu tun haben und auch nicht deren jagdliche Fähigkeiten haben.

Diese Hunde waren früher im Besitz der buddhistischen Mönche und wurden in den Klöstern gezüchtet. Sie wurden niemals verkauft, sondern höchstens als Zeichen der Wertschätzung verschenkt. Die Legende sagt, die Hunde waren darauf trainiert, die Gebetsmühlen in den Klöstern anzutreiben. Tatsache ist, dass sie den Mönchen als Begleiter und Bettwärmer dienten. Sie lagen auf den hohen Klostermauern, hielten Ausschau und alarmierten die Mönche und die großen Do Khyis (Tibetischen Hirtenhunde), wenn sich jemand näherte. Diese Wachsamkeit hat sich der Tibet Spaniel bis heute bewahrt. Alles Ungewöhnliche wird lautstark gemeldet, wobei er aber nie aggressiv sein darf. Der Tibet Spaniel ist die kleinste der tibetischen Hunderassen. Im Jahr 1961 wurde er von der FCI anerkannt. Der kleine Tibeter ist ein aufgeweckter, fröhlicher Hund, der trotz seiner geringen Körpergröße recht robust und mutig ist. Er ist wenig krankheitsanfällig und hat eine hohe Lebenserwartung. Vielleicht weil er noch nicht so häufig gezüchtet wird und auch bei uns noch recht selten ist, hat er sich eine gewisse Ursprünglichkeit bewahrt. Der Tibet Spaniel braucht eine liebevolle, aber konsequente Erziehung, die nur funktioniert, wenn er eine enge und vertrauensvolle Bindung zu seinen Menschen hat. Mit Druck oder Zwang kann man bei ihm nichts bewirken. Kenner der Rasse sagen, er ist ein großer Hund im Körper eines kleinen. Reserviert gegenüber Fremden ist er seinen Menschen umso stärker zugetan, ist sehr anhänglich und sucht auch gern den Körperkontakt. Er ist ein aufmerksamer, angenehmer Begleithund, der sich auch in einer Stadtwohnung wohlfühlt und nicht übermäßig viel Auslauf benötigt.

Das seidige Fell ist von mittlerer Länge und glatt anliegend, die Unterwolle ist dicht und fein. Am Gesicht und an der Vorderseite der Läufe ist das Fell kurz. Ohren und Rückseite der Läufe sind gut befedert und auch Rute und Hinterhand sind reichlich mit langem Haar bedeckt. Rüden zeichnen sich durch einen üppigen, mähnenartigen Fellkragen aus. Hündinnen haben in der Regel weniger Haare und eine kürzere Mähne. Außer einem gelegentlichen Bürsten ist keine besondere Fellpflege notwendig.

Laut Welpenstatistik des VDH werden pro Jahr durchschnittlich zwischen 25 und 50 Welpen der Rasse gemeldet.

Steckbrief

FCI-Nr. 231

Gruppe 9: Gesellschafts- und Begleithunde

Sektion 5: Tibetanische Hunderassen

Ursprung: Tibet (China)

Patronat: Großbritannien

Größe: Rüden und Hündinnen etwa 25,4 cm

Gewicht: Rüden und Hündinnen 4,1 bis 6,8 kg

Farben: Alle Farben und Farbmischungen

Volpino Italiano

Schon vor Jahrhunderten hat sich diese Rasse von der Linie der europäischen Spitze abgesondert und eine eigene Entwicklung durchlaufen.

In der Renaissance war der Volpino ein beliebter Begleithund für die italienischen Damen. Man hat ihn sogar teilweise mit Reifen aus Elfenbein geschmückt. Der Name leitet sich von dem italienischen Wort für „Fuchs" ab und deutet auf das fuchsähnliche Aussehen hin. Häufig werden die Volpinos auch als Fuchshunde bezeichnet.

Der Volpino hielt nicht nur Einzug in vornehme Häuser, sondern wurde auch von Bauern und einfachen Leuten als Wachhund gehalten. Auch

Michelangelo besaß solch einen Hund. 1913 wurde der Standard für diese Rasse erfasst. 1956 wurde sie von der FCI anerkannt. Aus unerfindlichen Gründen nahm die Zahl der Volpinos aber ständig ab, bis 1965 nur noch fünf Exemplare im Zuchtbuch eingetragen wurden. Dann verschwand der Volpino bis 1984, als der italienische kynologische Verband die Rasse sozusagen wieder zum Leben erweckte. Die neu aufgebaute Zucht gründete auf den Tieren, die als Wachhunde auf Bauernhöfen gehalten und nie registriert worden waren. Seit 2005 betreut der Verein für Deutsche Spitze auch diese Rasse.

Die kleinen, temperamentvollen Hunde sind anhänglich und ihrer Familie treu ergeben, misstrauisch gegenüber Fremden und sehr wachsam. Sie sind robust und langlebig, lassen sich gut erziehen und sind ideale Hunde auch für Haushalte ohne Garten oder für eine Etagenwohnung in der Stadt. Dank ihrer Kleinheit lassen sie sich problemlos überallhin mitnehmen und benötigen auch nicht übermäßig viel Auslauf.

Das dichte und sehr lange Haar ist immer gerade und muss abstehen. Am Hals bildet das Fell einen üppigen Kragen. Am Kopf bedeckt das halblange Haar den Ohransatz, am Fang ist das Haar kurz. An der Rute ist das Haar sehr lang und an der Rückseite der Hinterläufe bildet es Hosen. Wie bei den anderen Spitzen auch wird die Rute immer auf dem Rücken gerollt getragen.

Das Fell muss regelmäßig gekämmt oder gebürstet werden. Vor allem bei Ausstellungshunden darf es auf keinen Fall geschnitten oder geschoren werden.

Steckbrief

FCI-Nr. 195

Gruppe 5: Spitze und Hunde vom Urtyp

Sektion 4: Europäische Spitze

Weitere Bezeichnungen: Italienischer Volpino, Italienischer Fuchshund

Ursprung: Italien

Größe: Rüden 27 bis 30 cm; Hündinnen 25 bis 28 cm

Farben: Weiß; Rot

Laut Welpenstatistik des VDH werden pro Jahr durchschnittlich nur ein bis zwei Würfe der Rasse gemeldet.

Welsh Corgi Cardigan und Pembroke

Die Welsh Corgis sollen schon in keltischer Zeit in den Bergen von Wales gelebt haben. Sie sind vermutlich direkte Nachfahren des Torfspitz. Der Cardigan stammt aus der Grafschaft Cardiganshire. Im 10. Jahrhundert soll er in Gesetzen erwähnt worden sein, nach denen jeder, der ihn stahl oder tötete, schwer bestraft wurde. Bis in die Neuzeit war er ein wichtiger Hüte- und Treibhund der Waliser Bauern. Er bewachte das Vieh in den abgelegenen Bergen und trieb Rinder und Ponys zu den weit entfernten Viehmärkten. Durch den für kleine Hütehundrassen typischen Fersenbiss (das „Heelen") verschaffte er sich bei dem Vieh Respekt. Er war auch ein zuverlässiger Wächter von Haus und Hof und wurde sogar zur Jagd auf Vögel und kleines Wild verwendet. Bis in die 1920er-Jahre kreuzte man Cardigans und Pembrokes noch miteinander. 1934 wurden sie aber offiziell als zwei unterschiedliche Rassen anerkannt. Die Anerkennung durch die FCI erfolgte 1963.

Der Welsh Corgi Pembroke (Foto S. 120) ist noch weniger verbreitet als der Cardigan (Foto links). Hauptunterscheidungsmerkmal der beiden Rassen ist die Rute. Der Cardigan hatte immer eine lange Rute, die bis auf den Boden reicht und auch nie kupiert wurde. Sie sollte immer fuchsschwanzähnlich sein, so wie der Kopf auch immer in Form und Aussehen einem Fuchs ähneln sollte. Außerdem kommt der Cardigan in mehr Farben vor als der Pembroke.

Beim Pembroke wurde früher im Gegensatz zum Cardigan die Rute kupiert bzw. werden auch heute noch Welpen mit Stummelrute geboren. Ob man damit die bei den Kelten erhobene Schwanzsteuer, welche die Bauern entrichten mussten, umgehen wollte, bleibt dahingestellt. Seit dem Rutenkupierverbot tragen auch die Pembrokes eine lange Rute, mit Ausnahme der wenigen Exemplare, die stummelschwänzig geboren werden. Laut Standard wird die angeborene Stummelrute sogar bevorzugt.

Seit in den 1930er-Jahren der englische König seinen Töchtern Welsh Corgi Pembrokes als Spielgefährten schenkte, ist diese Rasse bekannt und salonfähig geworden. Bis heute sind die Corgis nicht mehr aus dem englischen Königshaus wegzudenken. Vielleicht erfreuen sich deshalb die Pembrokes heute größerer Beliebtheit als die Cardigans.

Steckbrief

FCI-Nr. 38: Welsh Corgi Cardigan

Gruppe 1: Hütehunde und Treibhunde (ausgenommen Schweizer Sennenhunde)

Sektion 1: Schäferhunde

Ursprung: Großbritannien

Größe: Rüden und Hündinnen 30 cm

Gewicht: Proportional zur Größe, wobei eine ausgewogene Gesamterscheinung wichtig ist.

Farben: Blue Merle; Gestromt; Rot; Zobelfarben; Dreifarbig mit gestromten Punkten; Dreifarbig mit roten Punkten. Alle Varianten gibt es mit oder ohne typische weißen Abzeichen an Kopf, Hals, Brust, Unterseite, Läufen, Pfoten und Rutenspitze. Weiß sollte nicht überwiegen.

Den Hüteinstinkt haben sich die Corgis bis heute bewahrt. Auch das Fersenbeißen liegt ihnen noch im Blut, sodass man es ihnen durch entsprechende Erziehung abgewöhnen sollte. Trotz der kurzen Läufe sind diese Hunde außergewöhnlich flink und können zum Beispiel auf dem Agility-Parcours durchaus mit anderen Rassen mithalten. Sie sind kräftig und robust, lebhaft und auch wachsam.

Bei uns werden die Welsh Corgis nur von wenigen Liebhabern dieser Rassen gehalten. Dank ihrer handlichen Größe sind sie auch für das Leben in einer Etagenwohnung geeignet. Trotzdem brauchen diese temperamentvollen Hunde genügend Auslauf in Form von langen Spaziergängen oder hundesportlichen Betätigungen.

Der Cardigan hat kurzes bis mittellanges Fell von harter Textur, was möglichst glatt sein sollte. Eine dichte Unterwolle schützt vor Kälte und Nässe.
Das gerade Haarkleid hat beim Pembroke eine mittlere Länge und darf niemals weich, wellig oder drahtig sein.
Es besitzt ebenso eine dichte Unterwolle.
Eine besondere Fellpflege ist nicht erforderlich außer gelegentliches Bürsten, um das abgestorbene Haar zu entfernen.

Laut Welpenstatistik des VDH werden pro Jahr durchschnittlich zwischen 100 und 180 Welpen von beiden Rassen zusammen gemeldet.

Steckbrief

FCI-Nr. 39: Welsh Corgi Pembroke

Gruppe 1: Hütehunde und Treibhunde (ausgenommen Schweizer Sennenhunde)

Sektion 1: Schäferhunde

Ursprung: Großbritannien

Größe: Rüden und Hündinnen 25 bis 30 cm

Gewicht: Rüden 10 bis 12 kg, Hündinnen 9 bis 11 kg

Farben: Rot; Zobel; Rehfarben; Schwarz mit Brand; mit oder ohne Weiß an Brustbein, Läufen und Hals. Etwas Weiß am Kopf und am Fang ist zulässig.

Im Gegensatz zu dem immer mit langer Rute geborenen Cardigan gibt es beim Pembroke auch Welpen, die mit Stummelrute zur Welt kommen.

West Highland White Terrier

Die Vorfahren des Westies, wie diese Rasse bei Liebhabern kurz genannt wird, waren kleine, draufgängerische Terrier, die im schottischen Hochland für die Jagd auf Fuchs, Dachs und Otter verwendet wurden. Lange Zeit setzten sich aber nur die dunkelhaarigen Hunde durch, die weiß geborenen Welpen wurden meistens getötet. So wurde noch im 19. Jahrhundert der dunkle Cairn Terrier als direkter Vorfahre des Westies bei der Jagd bevorzugt. Als Ende des 19. Jahrhunderts ein Colonel Malcolm versehentlich einen rotbraunen Terrier auf der Jagd erschoss, weil er ihn für einen Fuchs hielt, beschloss er, zukünftig weiße Terrier zu züchten. Der Ursprung des West Highland White Terriers geht somit auf drei bedeutende Entwicklungs-

linien zurück, die auch auf eine enge Verwandtschaft mit Cairn Terrier (siehe S. 28), Scottish Terrier (siehe S. 104) und Skye Terrier (siehe S. 112) hinweisen. Grundlage für die Zucht waren alle weißen oder hellsandfarbenen Welpen. 1907 wurde der West Highland White Terrier als Rasse anerkannt. 1954 erfolgte die Anerkennung bei der FCI. Etwa seit den 1970er-Jahren ist er auch bei uns äußerst populär geworden und war eine ganze Zeit lang richtig in Mode.
Aufgrund seines attraktiven Äußeren, seines munteren, frechen Gesichtsausdruckes und seiner handlichen Größe erweckt der Westie bei vielen Hundefreunden den Wunsch nach solch einer Rasse. Leider werden dabei von vielen Menschen sein Wesen und seine Bedürfnisse unterschätzt. Er hat sich noch viele Eigenschaften seines Jagderbes erhalten wie Mut, eine gewisse Schärfe, Selbstbewusstsein und Robustheit. Er ist wachsam und meldet jeden Besucher oder Eindringling lautstark. Er ist also gewiss kein ruhiger Schoßhund, sondern ein echter Terrier, der Artgenossen unerschrocken gegenübertritt und bei der Erziehung seinen Menschen viel Geduld und Konsequenz abverlangt. Da er recht temperamentvoll ist, braucht er genügend Auslauf und Beschäftigung und ist nicht geeignet für bequeme Menschen. Auch ältere Menschen sind häufig mit seinem Temperament überfordert. Bei ausreichender Bewegung ist er dennoch gut in einer Stadtwohnung zu halten. Der Westie ist aber auch ein ausdauernder Begleiter bei langen Wanderungen. Und aufgrund dieser Fähigkeiten ist er ebenso für verschiedene Hundesportarten, natürlich in der Mini-Klasse, zu begeistern.
Rüden haben einen größeren Kopf als Hündinnen. Er muss mit dichtem Haar bedeckt sein und erhält so die typische Form, die als „Chrysanthemenkopf" bezeichnet wird. Typisch sind auch die buschigen Augenbrauen.
Das etwa 5 cm lange, harsche Deckhaar darf keine Locken haben. Die pelzartige Unterwolle ist weich und dicht. Tägliches Bürsten und Kämmen verhindern Verfilzungen. Mehrmals im Jahr muss ein Westie getrimmt werden.

Laut Welpenstatistik des VDH werden pro Jahr durchschnittlich zwischen 600 und 800 Welpen der Rasse gemeldet.

Steckbrief

FCI-Nr. 85

Gruppe 3: Terrier

Sektion 2: Niederläufige Terrier

Ursprung: Großbritannien

Größe: Rüden und Hündinnen etwa 28 cm

Gewicht: Rüden und Hündinnen bis 10 kg

Farben: Weiß

Yorkshire Terrier

Der Ursprung des Yorkshire Terriers ist in den ärmsten Vierteln der nordenglischen Industriestädte Ende des 18. Jahrhunderts zu finden. Damals war es den armen Leuten verboten, große Hunde zu halten, damit sie diese nicht zum Wildern abrichten konnten. Somit wurden in der Arbeiterschicht vorwiegend kleine Rassen gehalten. Ein Vorteil war, dass die kleinen Hunde nicht so viel Futter benötigten, sodass sich die ärmere Bevölkerung ihre Haltung leisten konnte.

Um 1780 kamen mit der zunehmenden Industrialisierung immer mehr Arbeiter in die Städte der Grafschaft Yorkshire und brachten auch ihre Hunde mit, die bis dahin vorwiegend als Rattenvertilger gedient hatten. Nach einiger

Zeit begann man dort, einen ganz eigenen Typ von Hund zu züchten. Zu den Vorfahren gehören der Skye Terrier (siehe S. 112), der Malteser (siehe S. 82) und vermutlich auch der Dandie Dinmont Terrier (siehe S. 48). Im Jahre 1886 wurde der Yorkshire Terrier schließlich als eigenständige Rasse anerkannt. Die Anerkennung durch die FCI erfolgte 1954.
Durch das seidige, lange Fell und sein ansprechendes Äußeres wurde später der Yorkshire Terrier häufig verkannt und als reiner Schoßhund angeschafft. Trotzdem ist und bleibt er ein echter Terrier mit viel Mut und Eigensinn. Er hat Temperament, ist verspielt und jagt auch mal gern hinter Ratten und Mäusen her, wenn er die Gelegenheit dazu bekommt.
Wegen seiner Kleinheit ist er ideal in der Stadtwohnung zu halten und kann problemlos überallhin mitgenommen werden. Allerdings sollte man diesen Hund nicht wie einen Schoßhund behandeln, sondern ihm genügend Beschäftigung und auch Auslauf im Grünen bieten, mit ihm Gehorsamsübungen machen oder ihm kleine Kunststückchen beibringen.
Das Fell soll mittellang sein. Ist der Hund älter, wird bei Zuchtschauen Bodenlänge gewünscht. Das Fell darf aber niemals die Bewegung beeinträchtigen. Es soll wie Seide strukturiert sein, schwer, glatt und glänzend, also nie wellig. Damit es immer gepflegt aussieht, muss es regelmäßig gebadet, schonend getrocknet und mit Seidenpapier umwickelt werden, damit es nicht verknotet oder Spliss bildet. Die Haare am Kopf werden zu einem Zöpfchen hochgebunden, damit die Sicht nicht eingeschränkt wird. Yorkies, die nicht ausgestellt werden, bekommen jedoch in der Regel häufig einen sportlichen Kurzhaarschnitt, der dann auch ihr pfiffiges Aussehen unterstreicht.

Steckbrief

FCI-Nr. 86

Gruppe 3: Terrier

Sektion 4: Zwerg-Terrier

Ursprung: Großbritannien

Größe: Nicht festgeschrieben, ideal sind 20 bis 24 cm

Gewicht: Bis 3,2 kg

Farben: Dunkles Stahlblau vom Nacken bis zur Rutenspitze; leuchtendes Tan (Gold) am Kopf, den Beinen und der Brust.

Der Standard schreibt bei dieser Rasse keine Größe vor. Der Trend ging eine Zeit lang aber zu immer kleineren Exemplaren, was auch zu gesundheitlichen Problemen geführt hat. Das angegebene Maß von 20 cm Widerristhöhe sollte deshalb nicht unterschritten werden.

Laut Welpenstatistik des VDH werden pro Jahr durchschnittlich zwischen 400 und 500 Welpen der Rasse gemeldet.

Zwergpinscher

Zwergpinscher gab es ebenso wie Zwergschnauzer (siehe S. 128) – beide können auf einen gemeinsamen Ursprung zurückblicken – schon lange, bevor die anderen Pinscher- und Schnauzerrassen reingezüchtet wurden. Die Zwergpinscher waren beliebte Schoßhündchen der adeligen und feinen Damen. Besonders um die Jahrhundertwende waren sie groß in Mode und konnten nicht klein und zart genug sein. 1955 wurde die Rasse von der FCI anerkannt.

Auch noch bis in die 1960er-Jahre war diese Rasse, die auch häufig als Rehpinscher bezeichnet wurde (vermutlich wegen der hirschroten Farbe, die damals viel häufiger vorkam), recht beliebt. Mit Aufkommen anderer Kleinhunde-

Rassen verloren die Zwergpinscher aber an Popularität und waren Ende des letzten Jahrhunderts immer seltener zu sehen. Heute sind sie wieder etwas häufiger anzutreffen und haben ihren festen Liebhaberkreis gefunden.

Von dem Zuchtziel, möglichst zarte und kleine Exemplare zu erhalten, ist man mittlerweile glücklicherweise abgekommen. Der Zwergpinscher soll einfach eine kleine Version des Deutschen Pinschers darstellen und darf keine Merkmale einer Verzwergung besitzen.

Der Zwergpinscher ist ein temperamentvoller und trotz seiner Kleinheit mutiger Hund, der aber normalerweise nicht aggressiv ist. Er ist äußerst bellfreudig und meldet auch jeden Besucher lautstark. Wenn dies kein Problem darstellt, ist er aber der ideale Wohnungshund, der sich auch in der Stadt wohlfühlt. Bewegung in Form von regelmäßigen Spaziergängen reichen ihm aus. Somit ist er auch ein geeigneter Begleiter für ältere oder weniger sportliche Menschen.

Auch wenn man dazu neigt, die Erziehung bei solch kleinen Hunden nicht so ernst zu nehmen, empfiehlt es sich trotzdem, schon im Welpenalter und darüber hinaus Hundegruppen und Erziehungskurse zu besuchen, damit die Hunde gut sozialisiert werden und man durch rechtzeitiges Training ihr manchmal überschäumendes Temperament zügeln kann. Größeren Artgenossen treten sie normalerweise furchtlos und selbstbewusst gegenüber.

Dank des kurzen, glatten Fells, das keiner besonderen Pflege bedarf, tragen die Hunde kaum Schmutz ins Haus.

Steckbrief

FCI-Nr. 185

Gruppe 2: Pinscher und Schnauzer, Molosser, Schweizer Sennenhunde

Sektion 1: Pinscher und Schnauzer

Ursprung: Deutschland

Größe: Rüden und Hündinnen 25 bis 30 cm

Gewicht: Rüden und Hündinnen 4 bis 6 kg

Farben: Hirschrot, Rotbraun bis Dunkelrotbraun; Lackschwarz mit roten oder braunen Abzeichen. Anzustreben ist ein möglichst dunkler, satter, scharf abgesetzter Brand.

Früher wurde die Rute dieser Hunde ganz kurz kupiert. Heute bleibt sie naturbelassen. Zuchtziel ist die Säbel- oder Sichelrute.

Laut Welpenstatistik des VDH werden pro Jahr durchschnittlich zwischen 130 und 150 Welpen der Rasse gemeldet.

Zwergschnauzer

Früher galten Zwergschnauzer und Zwergpinscher (siehe S. 126) nicht als unterschiedliche Rassen. Der spätere Zwergschnauzer wurde damals noch als rauhaariger Zwergpinscher bezeichnet. Im Jahre 1899 begann man schließlich mit der Trennung dieser Rassen, sodass eigentlich erst zu diesem Zeitpunkt die Geschichte des Zwergschnauzers begann.

Aus den verschiedenen Größen, Formen, Typen und den unterschiedlichen Haarstrukturen sollte ein Kleinhund erschaffen werden, der sowohl vom äußeren Erscheinungsbild als auch vom Wesen her seinem großen Bruder, dem Schnauzer, entsprach, aber keine Merkmale einer Verzwergung besaß.

Diese kleinen, struppigen Hunde wurden früher besonders auf Höfen und in Ställen als Vertilger von Ratten und Mäusen verwendet. Hierzu mussten sie ein schneidiges Temperament besitzen sowie schnell und mutig sein. Bis heute haben sie sich diese Eigenschaften bewahrt.

Der kleine, temperamentvolle Zwergschnauzer ist der ideale Familien- und Begleithund, der sich auch in einer Stadtwohnung wohlfühlt und ebenso als fröhlicher Begleiter für ältere Menschen geeignet ist. Er ist aufmerksam und wachsam und trotz seiner Kleinheit recht mutig und unerschrocken. Er ist mit regelmäßigen Spaziergängen zufrieden, obwohl er auch gern draußen herumtobt oder beim Hundesport begeistert mitmacht. Er ist angenehm im Haus zu halten. Seine angeborene Wachsamkeit lässt ihn jedoch jeden Fremden, dem er sich zunächst nur misstrauisch nähert, lautstark vermelden. Eine gewisse Dickköpfigkeit ist ihm zu eigen, sodass man bei seiner Erziehung die erforderliche Konsequenz aufbringen muss, auch wenn man wegen seiner geringen Körpergröße schon mal dazu neigt, nachsichtiger zu sein.

Das raue Haarkleid besteht aus drahtigem Grannenhaar und dichter Unterwolle. Das Deckhaar darf weder struppig noch gewellt sein. Der typische Bart (Name!) und die buschigen Augenbrauen müssen regelmäßig gepflegt werden, damit sie nicht verfilzen. Die Haare an Kopf, Ohren, Hals, Bauch und After sollten etwas gekürzt werden. In der Regel werden Zwergschnauzer mehrmals im Jahr getrimmt. Früher wurde die Rute der Schnauzer ganz kurz kupiert. Heute ist das Zuchtziel die kräftige und gut behaarte Säbel- oder Sichelrute.

Steckbrief

FCI-Nr. 183

Gruppe 2: Pinscher und Schnauzer, Molosser, Schweizer Sennenhunde

Sektion 1: Pinscher und Schnauzer

Ursprung: Deutschland

Größe: Rüden und Hündinnen 30 bis 35 cm

Gewicht: Rüden und Hündinnen 4 bis 8 kg

Farben: Pfeffer-Salz mit grauer Unterwolle und dunkler Maske; Schwarz mit schwarzer Unterwolle; Schwarz-Silber mit schwarzer Unterwolle und weißen Abzeichen; Weiß mit weißer Unterwolle

Laut Welpenstatistik des VDH werden pro Jahr durchschnittlich zwischen 850 und 1000 Welpen der Rasse gemeldet.

Wichtige Adressen

Im Folgenden sind alle Vereine aufgelistet, welche die im Buch aufgeführten Rassen betreuen und dem VDH angeschlossen sind.

1. DEUTSCHER PEKINGESEN-CLUB VON 1987 E.V.
E-Mail: linpearls@rz-online.de
Internet: http://www.1dpc.de

1. DEUTSCHER YORKSHIRE-TERRIER-CLUB E.V.
E-Mail: longtimecompanion@web.de
Internet: http://www.yorkshire-terrier-club.de

ALLGEMEINER DEUTSCHER PUDELCLUB (ADP) E.V.
E-Mail: khskorupinski@t-online.de
Internet: http://www.pudelclub-adpev.de

CHIHUAHUA-CLUB E.V.
E-Mail: sweetsanni@freenet.de
Internet: http://www.chihuahua-club.info

CHIHUAHUA-KLUB DEUTSCHLAND E.V.
E-Mail: g.palumbo@freenet.de
Internet: http://www.chihuahuaklub.de

CHINESE CRESTED CLUB E.V.
E-Mail: chinese-crested-club@gmx.de
Internet: http://www.chinese-crested-club.de

CLUB FÜR DEN MOPS E.V.
E-Mail: cwcfdm@gmail.com
Internet: www.cfd-mops.de

CLUB FÜR YORKSHIRE-TERRIER E.V.
E-Mail: club.fuer.yorkshire.terrier@gmail.com
Internet: http://www.clubfueryorkshireterrier.de/

COTON DE TULÉAR-CLUB E.V.
E-Mail: sigb@online.de
Internet: http://www.coton1.de/

COTON DE TULÉAR-VEREIN E.V.
E-Mail: geschaeftstelle@coton-online.de
Internet: http://www.coton-online.de

DEUTSCHER MALTESER-CLUB E.V.
E-Mail: malteserhunde@online.de
Internet: www.deutscher-malteser-club.de

DEUTSCHER MOPSCLUB E.V.
E-Mail: helga-schukat-mops@t-online.de
Internet: http://www.mopsclub.de

DEUTSCHER PUDEL-KLUB E.V.
E-Mail: info@pudel-klub.de
Internet: http://www.deutscher-pudel-klub.de

DEUTSCHER TECKELKLUB E.V.
E-Mail: info@dtk1888.de
Internet: http://www.dtk1888.de

INTERN. CLUB F. JAPAN-CHIN, PEKING-PALASTHUNDE UND KING-CHARLES-SPANIEL 1920 E.V.
E-Mail: i-und-h-hess@t-online.de
Internet: http://www.internationalerclub1920ev.de

INTERNATIONALER CLUB FÜR CAVALIER KING CHARLES SPANIEL E.V.
E-Mail: geschaeftsstelle@icc-cavaliere.de
Internet: http://www.icc-cavaliere.de

INTERNATIONALER CLUB FÜR LHASA APSO UND TIBET TERRIER E.V.
E-Mail: info@ilt-tibet.de
Internet: http://www.ilt-tibet.de/

INTERNATIONALER KLUB FÜR TIBETISCHE HUNDERASSEN E.V.
E-Mail: info@tibethunde-ktr.de
Internet: http://www.tibethunde-ktr.de/

INTERNATIONALER SHIH-TZU CLUB E.V.
E-Mail: truxangelika@t-online.de
Internet: http://www.shih-tzu-club.eu

KING CHARLES SPANIEL CLUB DEUTSCHLAND E.V.
E-Mail: Melanie.Kolb.kccd@email.de
Internet: http://www.king-charles-club.de/

KLUB FÜR TERRIER E.V.
E-Mail: info@kft-online.de
Internet: http://www.kft-online.de/

LÖWCHEN-CLUB DEUTSCHLAND E.V.
Tel.: 0 52 06 69 15, Fax: 0 52 06 69 15

MALTESER CLUB DEUTSCHLAND 1983 E.V.
E-Mail: mcd.geschaeftsfuehrung@gmx.de
Internet: http://malteser-club-deutschland.de

PAPILLON & PHALÈNE-CLUB DEUTSCHLAND E.V.
E-Mail: info@ppcd.de
Internet: http://www.papillon-und-phalene-club.de

PARSON RUSSELL TERRIER CLUB DEUTSCHLAND E.V.
E-Mail: g-st@prtcd.de
Internet: http://www.prtcd.de

PINSCHER-SCHNAUZER-KLUB E.V.
E-Mail: info@psk-pinscher-schnauzer.de
Internet: http://www.psk-pinscher-schnauzer.de/

PUDEL-ZUCHT-VERBAND 82 E.V.
E-Mail: geschaeftsstelle@pzv82.de
Internet: http://www.pzv82.de

SPEZIALCLUB FÜR TIBET TERRIER UND LHASA APSO E.V.
E-Mail: kerstin@tibet-terrier-von-man-dara-wa.de
Internet: http://www.ctaonline.de

VERBAND DER PUDELFREUNDE DEUTSCHLAND E.V.
E-Mail: vdp.hg@t-online.de
Internet: http://www.pudelfreunde.de

VERBAND DEUTSCHER KLEINHUNDEZÜCHTER E.V.
E-Mail: geschaeftsstelle@kleinhunde.de
Internet: http://www.kleinhunde.de/

VEREIN FÜR DEUTSCHE SPITZE E.V. GEGR. 1899
E-Mail: geschaeftsstelle@deutsche-spitze.de
Internet: http://www.deutsche-spitze.de